貓的人類征服史

從封神到屠殺，是惡靈也是萌寵！
看貓咪與人類千萬年相牽的跌宕命運史

林韻 著

吸貓說明書　秒懂你的貓咪

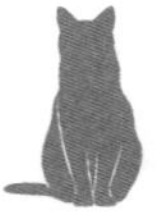

貓咪能給你帶來……

可愛的外表和柔軟的皮膚，一個賣萌眼神，瞬間就能治癒你！
邊界感強、愛乾淨、生活習慣好，讓你整間屋子充滿朝氣！
經常互動，可以有效緩解身體疲憊和焦慮，釋放壓力變愉悅！
各種姿勢會「說話」，表情達意，不僅會陪伴你還會關愛你！

貓咪想對你說……

雖然很想陪伴你走完你的一生，但我的一生通常只能活十到十五年。
分別雖然很痛苦，但我覺得能互相陪伴的每一分鐘，都會令彼此感到愉悅且幸福。

任何相處都需要磨合，如果能更耐心地給予彼此相處的時間，相信我們會相處得更好且更能互相理解，所以，一定不要對我發脾氣哦！

請善待我，因爲世界上最珍惜、最需要你愛心的是我，別生氣太久，也別把我關起來。因爲，你有你的生活／朋友／工作／娛樂，而我，只有你。

我喜歡你和我說話，雖然我聽不懂你的語言，但我認得你的聲音，你知道的，當你回家時我是多麼高興，因爲我一直在豎著耳朵，等待你的腳步聲。

請別打我，記住，我有反抗的牙齒，但我不會咬你。

帶我去絕育，這樣我會更健康、長壽。

請注意你對待我的方式，因爲我會永遠記住。如果行爲是殘酷的，可能會影響我的一生。

在你覺得我懶，覺得我不再又跑又跳或者不聽話時，在罵我之前，請想想也許是我出了什麼問題，也許我吃的東西不對，也許我病了，也許我老了。

當我老了，不再像小時候那麼可愛，請你仍然對我好，仍然照顧我，帶我看病，因爲我們都會有變老的一天。

當我已經很老的時候，當我的健康已經逝去、無法正常生活的時候，請不要想方設法讓我繼續活下去。我知道你不希望我離開，但請接受這個事實，並在最後的時刻與我在一起。求求你一定不要說著「我不忍心看牠死去」而走開，因爲在我生命的最後一刻，如果能在你懷裡離開這個世界，聽著你的聲音，我就什麼都不怕，你就是我的家，我愛你！

和貓咪的共處原則

以平靜且自信的情緒靠近貓咪，身體可以蹲下放低，以減輕對貓咪的壓迫感，並緩慢且溫柔地眨眼。

如果你不知道摸哪裡會讓貓咪舒服，就輕柔地摸摸貓的頭部或下巴，讓牠對你增加好感度。

允許貓霸占你的地盤、對你各種蹭蹭、輕舔你的手指，這是貓咪熟悉你的氣息和喜歡你的表現。

尊重貓咪的習性，牠也是一個具有獨立行動能力的個體，不要苛求貓咪，理解和接納會讓你們更幸福。

序 一日吸貓，終身戒貓

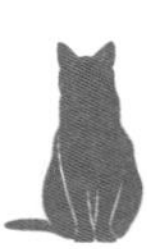

我是從二〇二一年開始寫這本書的。彼時我是一個經過差不多十年學術訓練的中國古代歷史研究者，同時也是兩隻貓的「鏟屎官」。我腦海中關於人類吸貓的歷史有很多大大小小的疑問：

第一隻貓是在什麼地方出現的？
牠們是什麼時候來到我們身邊的？
古代人吸貓嗎？他們會像我們這樣為貓心醉沉迷、甘願俯首為奴嗎？
西方人和東方人對待貓的態度是一樣的嗎？
什麼時候開始，散養貓變成了圈養貓，足不出戶的貓成為主流？

歷史上有哪些大人物喜歡吸貓，他們和貓之間有什麼祕聞？……

我一下子很難找到答案。

我翻閱書籍、查閱文獻，發現關於人類吸貓的資料不少，但都散見於各種東西方古代典籍和資料中，等待有心人的發掘和整理。

更令我激動萬分的是，古人對吸貓的沉迷程度，遠遠超出我們的想像。但令我遺憾不已的是，這些鮮少被提及。

我開始廢寢忘食地鑽研史料，由於幾乎沒有系統的資料可供參考，爬梳資料的過程非常艱難，但是，我從無退卻。

隨著鑽研的深入，我發現了人類吸貓歷史中的不少祕聞。我明白了為什麼古往今來，那麼多人沉迷於吸貓無法自拔——人和貓本來處於兩個世界，卻陰差陽錯地走到了一起。

這本書就是為熱愛吸貓者所作。

吸貓者中，有男有女，有凡人也有大佬，有養貓者，也有「雲養貓」者，有社會的中產階級，也有人群中的異類，有耄耋老人，也有獨居青年……這些人形形色色，難以歸類，不過他們唯一的共同點就是：愛貓、關心貓，渴望探究貓，並且陷入貓的香軟甜美中不能自拔。

因此，本書會全盤托出你所不知道的人類吸貓史，想要瞭解人們古往今來的吸貓史，你看這一本書就夠了。

第一章，探究貓的起源。第一隻貓究竟是怎樣來到人類身邊的？貓在早期人類的生活中究竟留下了什麼樣的印記？我們都以為是人類馴化了貓，但或許是貓給了人類這樣的錯覺。

第二章，講述貓是如何從古埃及到歐洲、從中東到亞洲。在自我馴化的過程中，貓在歷史上究竟有哪些命運沉浮？牠又是如何忍辱負重，等待人類文明的曙光？

第三章，濃墨重彩地描繪了古人吸貓的日常。在這一章中，你會發現，吸貓成癮的陸游和語文課本中的陸游不太一樣，愛貓成癡的宋朝人似乎也比歷史書上的宋朝人有血有肉許多。古代普通人吸貓，王公貴族也吸貓，宋朝皇帝畫貓，明代皇帝養貓。大家熟知的乾隆皇帝也會在這一章裡與大家見面，他不僅吸貓，而且吸大貓。作為真情實感吸貓的典範，乾隆皇帝還和貓食盆有一段不可不說的故事。

第四章，講述貓與文人、藝術家之間不得不說的故事。新中國成立前後，北京的文藝圈非常熱鬧，新鳳霞是評劇女皇，老舍先生又是她的媒人，齊白石老人是新鳳霞的師父，這三個人還有一個共同的標籤，就是喜歡吸貓。除此之外，豐子愷、錢鐘書等，都是吸貓愛好者。貓見過人類最壞的一面，終於迎來了人類最好的一面。人們為什麼喜歡吸貓呢？或許是貓點燃了人類內心深處的溫柔和愛意吧。

第五章，講述貓是如何實現了一個物種的逆襲。從貓砂的發明到貓咪經濟學的興起，從養貓大軍到「雲養貓」大軍的異軍突起，在貓掌控世界的重要一環中，貓治癒了人類。

數千年來，貓陪伴人類從野蠻走到文明，人和貓的關係在「吸」的這個動作中，得到了雙向的深化。《小王子》中說：「什麼是馴化呢？馴化就是花費時間。」而正是因為我們在彼此身上花費了如此多的時間，所以才讓彼此顯得如此重要。

在有些人看來，貓的世界是等級森嚴的：客廳裡長大的貓比簷溝下出生的貓要尊貴，布偶貓、緬因貓比田園貓要高貴。但是在貓的眼中，是否愛貓、吸貓，是否在貓的身上花費時間、和貓交換彼此的氣味，才是養貓人是否合格的唯一標準。

吸過貓的人都會同意，被愛的貓比什麼都珍貴。貓不會知道自己身價幾何，牠們只知道，牠們有沒有被真情實感地愛著。

我養貓，但不是一個喜歡曬貓的人。就像絕大多數隱性的吸貓者一樣，我既是這個龐大吸貓群體中的一員，又遊走在熱點的邊緣，這讓我可以寫下冷靜卻炙熱的文字。

一日吸貓，終身戒貓。人類吸貓簡史的畫卷在眾人面前緩緩展開，那將是一幅多麼讓人心潮澎湃的畫卷。人為什麼吸貓呢？或許古往今來的人都從貓身上看到了自己的影子——看起來冷漠，實際上充滿著柔情。

目錄

第5章 探究——為什麼我們甘心為奴

第一章　封神

一萬年前的初次見面

貓科動物和人類史前史

我相信貓是落入凡間的精靈。

——儒勒・凡爾納

隨著養貓大軍的逐漸壯大，越來越多人相信，人和貓的關係是特別的。對於需要陪伴又不想付出太多精力的現代人來說，獨立、軟萌又愛乾淨的貓，實在是現代生活中最大的慰藉。

如今，在我們身邊，貓隨處可見。牠們占領了我們的書房，占領了我們的臥室，占領了網路世界。

在所有的動物中，似乎也只有貓離那些時代中的名人最近，哪怕是最高傲的文人和藝術家，也無法倖免——一句話，幾乎沒有人能夠抗拒貓的魅力。

若要說清楚貓是如何征服人類的，我們就要探究貓是如何落入凡間，又是如何來到人類身邊的。

故事要先從貓的祖先——貓科動物說起。

這段故事有點長，卻很重要。畢竟沒有什麼捷徑能讓人更瞭解貓咪，除非我們花點時間去學習人和貓相處的歷史。

兩千三百萬年前，有一隻體型中等的貓形動物正在歐亞大陸的大草原上悠閒散步*。

牠的體型跟我們現在熟知的獰貓或藪貓相當，只是牠身上黑褐色的斑紋提醒我們，作為這片草原上的食肉動物之一，牠善於隱藏，同時還是捕獵的高手。

牠就是假貓（Pseudaelurus）。如今，世界上所有的貓科動物，無論是家裡奶聲奶氣的小貓還是非洲草原上兇猛威武的獅子，都是假貓的後代**。這種曾經遍布歐亞的中型貓科動物，我們現在已經無福親見，由於氣候變化等原因，牠最終還是滅絕了。

---

* 期刊文章〈劍齒神話——老虎的遠古近親們〉，《化石》，2010年，第4期。

** 期刊文章〈食肉目貓科物種的系統發育學研究概述〉，《遺傳》，2012年，第11期。

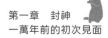

假貓在滅絕之前，進化出了幾個不同的變種。有一些假貓遷移到了非洲，演化成了獅子及中等體型的貓類，包括獰貓和藪貓。有一些假貓則留在了亞洲地區，演化成了老虎、豹等，另一些則繼續出發，演化成了山貓、猞猁和美洲獅。

這些體型中等的貓科動物，幾乎個個都是頂級獵手。牠們憑藉自己出色的捕獵能力，一舉躍上地球食物鏈的頂端，威風凜凜，睥睨眾生。

食物鏈是生態學家艾爾頓在一九二七年提出的一個概念，他發現貯存於有機物中的化學成分能在生態系統中不斷傳遞，也就是說，各種生物通過一系列吃與被吃的過程，實現整個生態系統的動態平衡。

既然獅子等大型食肉貓科動物站在食物鏈的頂端，那人類祖先又處於什麼樣的位置呢？

一九七四年，一塊編號為AL288-1的南方古猿阿法種化石被考古學家發現。儘管化石只保留下來了百分之四十，卻也讓考古學家欣喜若狂——因為，和兩手拖地行走的猿不同，這具化石骨架明顯具有直立行走的特徵。當時考古營隊中正在播放披頭四樂隊的 Lucy in the Sky with Diamonds，於是考古學家就將這隻古猿命名為「Lucy」（露西）。電影《露西》中的女主角就與此同名，意思就是「第一個人類」。

露西是一位生活在三百二十萬年前的年輕女性，她大約二十多歲，個頭不高，只有一百一十公分左右。她能夠直立行走，但是更擅長攀爬。和人類的近親黑猩猩相似，露西獲取食物的方式主要是游走在叢林中採集野果，並且把果實帶回樹上享用。在危險來臨的時候，強而有力的胳膊讓她能夠迅速地爬到樹幹的高處避難。晚上，她會回到樹上睡覺。三百二十萬年前，露西所處的非洲大草原到處都是參天大樹，科學家認為，她睡的地方離地足足有十三公尺這麼高——對於睡在離地不過幾十公分的現代人來說，還會有睡著睡著就不小心從床上掉下來的事情發生，我們人類共同的祖奶奶露西卻是過著這樣的樹棲生活，實在讓人敬佩。

不過，露西並不長壽，她因為一場意外而死。二〇一六年，《自然》雜誌發表了學者對於露西死因的最新研究成果*，從露西骨骼上的多處破裂傷痕來看，她確實是從高處墜落而亡的。科學家嘗試復原了露西死前的場景：在三百二十萬年前的某一天，採集完食物的露西和往常一樣，回到家中休息。就在休息的時候，她不小心從高處墜落，以相當快的速度摔到了地上，導致骨骼破裂和內臟受損。露西去世了。

露西死於一場意外，這也說明，我們人類並不是一開始就在歷史的發展進程中處於遙遙領先的地位。以採集為生的祖先就是生態系統中平平無奇的一分子，絲毫不起眼。

約三百萬年前，人類祖先和自己的「近親」黑猩猩分道揚鑣，走上了一條發明使用複雜工具的道路。不過，這地球上如此多的物種，人類並不是唯一會借

---

* 期刊文章〈Perimortem fractures in Lucy suggest mortality from fall out of tall tree〉，《Nature》，29 August, 2016。

助工具的。工具是為了特定目的而使用的，就像鳥類會用樹枝築巢，黑猩猩會用棍子挖螞蟻洞，海豚會用海綿來捕魚，猴子能用岩石來敲擊堅硬的食物一樣，人類也利用工具讓自己更好地生存*。

我們的人類祖先最常用的工具使用方式，就是拿尖銳的石塊去敲擊水果、骨頭或者肉類，而這些工具的發明就像鳥兒築巢、黑猩猩挖洞一樣，只是出於生存的本能，並非是來自縝密的思考和有意識的創造**，因此，在使用工具的兩、三百萬年間，人類一直是一種脆弱的生物。而且掌握工具技術的人類，仍然不足以登上食物鏈的頂端。一直到十萬年前，我們的人類祖先仍然弱弱地站在食物鏈的中端，望著食物鏈頂端的大型貓科動物，思考著如何在食肉動物的夾縫中生存***。

---

* 期刊文章〈製作工具在人類演化中的地位與作用〉，《人類學學報》，2018年，第8期。

** 圖書《如何讓馬飛起來》，時報出版，2016年版。

*** 圖書《人類簡史——從動物到上帝》，中信出版集團，2014年版。

大約在十萬年前的某一天，有一群人類祖先正躲在大草原的陰影中暗暗觀察。他們在等待一個合適的時機，以便能夠在不打草驚蛇的前提下，享用大型貓科動物飽餐後殘存的食物。

在視野之外不遠的地方，兇猛的獅群正在撕扯一隻離群的瞪羚。牠們美美地飽餐一頓之後，甩著尾巴滿足地走開。此刻，人類祖先還在默默等待，現在衝出去還太危險，還會有鬣狗尾隨其後，等待「分贓」。作為身處食物鏈中端的物種，人類很清楚自己的定位。作為一種弱小的物種，他們始終被獅子這樣的大型食肉動物所威脅。這群原始人極少和獅子這樣的大型貓科動物正面對抗，他們依靠採集植物、圍捕小動物以及撿拾大型食肉動物的殘羹為生。

於是，這群原始人繼續屏息以待，從日中等到天黑，確保沒有什麼危險性之後，才彎著腰，抖落身上的枯葉，趁著夜色走出那片潛伏已久的密林。他們靠近瞪羚的屍體，拿起尖銳的石塊敲開骨髓，將這些食物鏈頂端的動物不稀罕吃的殘羹冷炙瓜分一空*。

這就是人類祖先典型的一天——採集野果、收集飲用水，並靠近以貓科動物為代表的肉食動物——並不是為了獵殺牠們，而僅僅是等待「拾其牙慧」。

種種跡象表明，人類，自詡為日後的百獸之王，在很長一段時間內是有點卑微的。為了吃到美味的肉食，他們選擇成為食肉貓科動物的附庸，製造工具去獲取食肉動物不屑於啃食的腦髓、內臟等組織。直接吮吸腦髓、生嚼內臟，對於我們的祖先來講還是需要不小的勇氣的。在把這些腐肉剔乾挖淨的同時，還要時刻小心提防，避免自己成為大型貓科動物的午餐。

不過這些巨型貓科動物從未想過，在數萬年之後，牠們的威風即將不再。

十萬年前，生活在東非的原始人還依靠著採集和「拾人牙慧」生活，僅僅用了三萬年時間，他們就發生了脫胎換骨的變化。

---

* 圖書《人類簡史——從動物到上帝》，中信出版集團，2014年版。

我們人類的祖先——智人，在這段時間內迅速發明了弓箭、渡船，他們開始走出非洲，同時，宗教、社會、階級、語言出現了。在很長一段時間內，我們總以為人類是單線發展的，從露西到智人，就像有一條筆直的線，從低級向著高級不斷演化。但是實際上，在智人生存的同一時期存在著好幾種不同的人類。智人走出非洲之後，碰上了體格更強壯的尼安德特人、沉靜的梭羅人，以及矮小但是更加靈活的弗洛勒斯人。

我們已經沒有辦法瞭解，七萬年前的智人，是如何成為地球的主宰的。但是科學家和歷史學家從歷史遺跡和考古發現中總結出了智人的最大特點，那就是：「寬容並不是智人的特色。」*當尼安德特人等原始人類和智人出現的時間線相重合之後，他們就開始加速消失。梭羅人在五萬年前滅亡，弗洛勒斯人差不多同時滅亡，尼安德特人則在三萬年前永遠地消失在了這個藍色的星球上。

---

* 圖書《人類簡史——從動物到上帝》，中信出版集團，2014年版。

智人成功登頂地球食物鏈的頂端，同時，大、中型貓科動物的地位岌岌可危。

人類第一次出現在澳洲的時候，澳洲還有鴨嘴獸等巨型動物存在，而幾乎就在人類踏上這片土地之後，澳洲的巨型動物在短時間內滅絕殆盡。隨著人類活動範圍的擴大和各種捕獵武器的層出不窮，獅子、老虎、豹子等大型貓科動物也逐漸朝不保夕。

要知道，獅子、老虎、虎鯨等花了上百萬年的時間來進化，才成為食物鏈頂端的王者。而人類在過去的兩百多萬年時間內，一直是貓科動物的食物。原始人從食肉動物的盤中餐，躍升為以大型貓科動物為代表的食肉動物的夢魘，只用了幾萬年的時間。

是什麼讓人類後來居上？

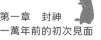

首先，是工具的使用。但正如前文所說，在自然界中，會使用工具的物種很多，早期的人類並不夠特別。

其次，是火的使用。在很多早期文明當中，都有各式各樣關於人類用火的傳說，基本上如出一轍。實際上，在距今十五萬年前，人類已經學會了用火，這是人類前進的一大步。有了火，人類就可以進行烹飪，同時，跟撕咬生肉相比，人類吃熟肉的咀嚼時間也會大大縮短。巴西里約熱內盧聯邦大學的學者推算出原始人吃一塊生肉需要的時間，大概是八個小時*，這讓他們除了採集、狩獵和咀嚼，基本上沒有時間做其他的事情，更談不上生產和創造了。

火則讓這個問題不再成為一個問題，加熱後的食物更加容易咀嚼，人類吃一塊肉的時間從八個小時縮短到了一個小時，同時高溫炙烤的過程還能殺死細菌和病毒，這延長了人類的壽命。不僅如此，火還是厲害的「武器」，能讓人類以較小的代價去威懾自己的強敵。憑藉火，人類在短時間內大殺四方，比如驅趕步步緊逼的獅群，或者焚燒一整片草原。

第三，人類具有語言和溝通的天賦，這讓人類祖先——智人懂得分工合

---

* 圖書《品嘗的科學》，北京聯合出版社，2017 年版。

作*。火的使用讓人類逐漸演化出更強大的大腦，這或許是人類祖先登上食物鏈頂端的重要原因。而具備語言和溝通能力，觸發了他們對於生存的思考。

雖然我們以大幅篇章渲染了史前的祖先是多麼渺小，但他們具有令人驚歎的反思能力。他們從微不足道的採集者，從和黑猩猩類似的物種，演化成為會表達、會反思的生命體。他們在為了生存的搏鬥中，不斷演化，大腦容量更大，手腳更加靈活，交流能力更強。

而與此同時，他們骨子裡比一般的生物更渴望安定。正是這種渴望，催生了新的文明形態。

數百萬年來以採集和狩獵為生的人類大跨步邁入了新的時代——農業革命時代。

---

* 圖書《人類的由來及性選擇》，北京大學出版社，2009 年版。

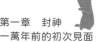

定居的人類捲入了新的麻煩當中

即便是到了七萬年前，我們的直系祖先——智人，差不多可以在這個生態系統中所向披靡了，但是，他們仍然有自己的不安全感。

而這個不安全感的來源，就是嬰兒。雖然他們已經可以合作獵殺一隻肩高四公尺、體重六到八噸的成年猛獁象，但是他們卻拿嬰兒無可奈何。

和絕大多數動物的後代相比，人類的嬰兒孱弱到令人咂舌的地步。瞪羚出生幾周後就能跟隨群體奔跑，幼獅出生後不久就可以學會捕獵，但是嬰兒需要整個族群長時間寸步不離地照顧，而且一不小心就有被各種食肉動物啃食的風險。雖然成年人類可以用武器和大腦來武裝自己，但嬰兒的安危，對於人類這種冷酷與溫柔並存的物種來說，是致命的軟肋。

於是一部分人類祖先共同做了一個看起來英明無比的決定，他們決定轉變以採集、打獵為主的逐水草而居的生活。他們決定安定下來，建一處居所，養一群孩子。

打打殺殺的生活刺激，但是危險；採集的日子有趣，但是伴著未知。

出於對不確定性的厭倦，人類祖先決定自己種植糧食和飼養牲畜*。白天勞動，晚上則帶著豐收的喜悅回到固定的地方休息，他們把這個地方叫作「家」。為了不像三百二十萬年前的祖奶奶露西一樣，擔心睡著睡著就從樹上掉下來，一部分人類祖先率先把床搬到了地面上，這樣，起碼晚上能睡個好覺。這一小撮人率先脫離了狩獵和採集的思維模式，他們朝著農業文明進發。

農業文明伴隨著馴化。馴化，是印刻在人類祖先骨子裡的癖好之一。什麼是馴化？簡單來說，馴化就是讓某個物種變得和牠們的野生祖先不同，並且能夠為人類所用。

我們把視線轉向亞洲中部，在一萬兩千年前，在現在的巴勒斯坦、約旦、

* 期刊文章〈中國史前農業發生原因試說〉，《中國農史》，1991年，第3期。

敘利亞南部和黎巴嫩南部組成的區域，居住著納圖夫人，他們被公認是農業活動的發明者，他們所在的地區，就是被稱為「新月沃地」的地區。這個地方不僅是農業文明的搖籃，而且是人、鼠、貓這三個毫無聯繫的物種最早發生交會的地方。

最開始的時候，和所有的人類祖先一樣，他們過著採集和打獵的生活。然而，隨著最後一個冰河時代的結束，全球氣候開始變暖，野生穀物在納圖夫人聚居地周圍開始瘋長。納圖夫人發現了機會，他們很少特意去種植大麥、小麥或者黑麥，他們只是不斷地收割，然後一撥一撥地儲存在自己的村莊裡。納圖夫人從採集者變成了最早的農民。

在隨後的幾千年時間內，納圖夫人「馴化」了小麥。小麥不喜歡乾旱，所以納圖夫人必須要學會鑿井，種植小麥需要長時間彎腰勞作，這讓納圖夫人飽受腰肌勞損的困擾。人類也因此獲得了豐厚的報酬——豐收的莊稼。

狩獵時代對饑餓和匱乏的記憶，讓納圖夫人發明了各式各樣的儲物方法。

納圖夫人用泥磚搭建起儲存坑，類似於一間間縮小版的房屋。他們以為儲存了糧食就萬事大吉，沒想到，麻煩才剛剛開始。

人類修建大大小小的穀倉，燒製或大或小的陶罐，在每個容器裡面，都裝滿了辛勤耕作得來的糧食。

而這種收藏癖則給了老鼠等齧齒類動物可乘之機，牠們溜進人類的穀倉，大肆狂歡。

過上定居的安穩日子是需要付出代價的，煩惱隨之而來。

納圖夫人是人類歷史上第一批被小家鼠所滋擾的人類。歷史學家和考古學家認為，就是納圖夫人充足的糧食儲存，吸引了小家鼠的到來，讓牠們成為人類歷史上有據可查的第一批哺乳類害獸*。

作為一種生命力極強的齧齒類動物，小家鼠已經存在了一百萬年之久。

---

* 圖書《貓的祕密》，中國友誼出版公司，2018年版。

小家鼠有兩種主要的亞種，一種是東方亞種，一種是北方亞種，牠們起源於印度北部，一直以啃食野生穀物為生*。納圖夫人首先建立起糧倉並且擁有環村耕地的時候，小家鼠發現了最適合牠們生存繁衍的風水寶地——新月沃地。

在人類身邊的老鼠過得非常滋潤。考古學家在當地的穀倉遺址中發現了鼠類的牙齒，可以想像，小家鼠的出現一定讓新月沃地的農民們苦惱不已。他們辛辛苦苦種植的糧食被老鼠啃食，而他們食用被啃食過的糧食，還大大增加了患病的風險。

老鼠在人類聚居區快速繁衍，這也吸引來了老鼠的天敵，如猛禽、狐狸、家犬，還有野貓**。除了狗，其他聞訊而來的動物幾乎都是野生的。

大約一萬五千年前，人類將狼群中比較溫順的狼馴化成了狗。作為最早被

---

* 期刊文章〈齧齒類的動物考古學研究探索〉，《南方文物》，2016年，第2期。

** 圖書《貓的祕密》，中國友誼出版公司，2018年版。

人類馴化的動物，狗在人類早期歷史上功不可沒。

不過，狗的捕鼠技能和野貓比起來就有點相形見絀了。就像牠們的祖先一樣，野貓敏捷又有爆發力，這讓牠們在捕鼠的時候幾乎不會失手。另外，牠們晝伏夜出，而老鼠也經常在晚上出沒，人類驚喜地發現，在他們酣然入睡的時候，野貓已經把糧倉裡的老鼠打掃得乾乾淨淨了。更重要的是，野貓對人類的糧食毫無興趣，吃了老鼠就走，工作能力好又不黏人。

此時的野貓尚未被馴化，牠們和人類只是一種互惠互利的關係。不過，野貓此時展示出了非凡的捕鼠技能，這讓我們人類印象深刻。

我們的祖先或許一開始只是覺得貓很有用，之後發現牠們居然有點可愛。二〇〇四年，法國巴黎自然歷史博物館的科研人員在地中海的賽普勒斯島上，發現了迄今為止最為古老的人貓合葬墓。在這個九千五百年前的墓穴當中，埋葬著一個小孩和一隻貓。這隻貓大概八個月大，靜靜地躺在小男孩的腳邊。從這個墓葬中發現的大量石器、貝殼等隨葬品來看，這應該是一個出身高貴的孩子，否則他不可能在死後還擁有如此高規格的待遇*。雖然我們還不能確定，這隻貓究竟是被馴化了的寵物貓，還是被殺害之後獻祭的野貓，但可以肯定的是，貓這種動物已然出現在了人類的周圍。而人類也容許牠們留在自己身邊。

隨後，在新月沃地的野貓，這種被稱為「食肉的黃毛動物」的物種，開始小心翼翼地出現在人類的領地**。故事就是這樣開始的：人類祖先定居下來，擁有了剩餘的食物，而這些食物又吸引了老鼠，老鼠又引來了野貓。野貓馴養成家貓的過程就開始了。

---

* 期刊文章〈貓、鼠與人類的定居生活——從泉護村遺址出土的貓骨談起〉，《考古與文物》，2010年，第1期。

** 期刊文章〈家貓的馴化史〉，《農業考古》，1993年，第9期。

野貓的馴化和家貓的誕生

在共存共生數千年後，人類嘗試著馴養貓。在此之前，人類已經成功地馴養了多種動物，而這些動物無一例外，都是因為對人類有用而被馴養的。

人類首先馴養了狗。現在所有的狗都是來自同一祖先——灰狼。我們的祖先選擇灰狼中性情較溫順，並且願意和人類合作的一小部分狼，通過幾代的努力，將牠們馴化成為狗。雖然狗是從狼脫胎而來，但是被馴養的狗，成了完完全全和灰狼不同的物種。牠們忠誠，同時，知道如何通過努力工作去討好人類。作為人類馴化最成功的物種之一，狗是人類忠實的朋友，同時給人類帶來了豐厚的好處。牠們幫助人類打獵、放牧，還能夠看家。

作為人類的主要肉食來源，牛可以為人類提供肉、奶和皮毛，豬可以提供肉，雞可以提供肉和蛋。

相比來說，貓不如以上動物那麼實用。論食用，貓不夠好吃；論禦寒，貓毛也比不上牛皮和羊毛；論功能，貓也不像狗那樣具備多種功能——可以看家，可以圍獵，還能夠幫忙放牧，甚至還可以捕鼠。就連和體格相近的雞相比，貓也不像雞那樣：肉質鮮美，而且渾身是寶。

在農業革命之後，當糧食的儲存量開始變多，在人類聚居區和糧食種植區周圍的老鼠大肆出沒，於是，不同種類的小型貓科動物紛紛到訪。人們驚喜地發現了牠們的「殺手」本性，於是開始嘗試著馴化野貓等小型貓科動物去捕鼠，叢林貓（Felis chaus）就是其中之一。叢林貓的體格比野貓更大，據說足以殺死一隻年幼的瞪羚，古埃及人曾經試圖去馴化叢林貓來捕鼠，但是沒有成功，而且牠們也並不願意和人類長久地待在一起。人們也試圖馴化沙漠貓（Felis margarita），這是一種耳朵極其靈敏的貓科動物，牠們主要是利用強大的聽覺捕獵，不過最終也沒有成功。在哥倫布到達中美洲之前，一種叫作獺貓（Jaguarundi）的貓，可能被當地人當作捕鼠者進行飼養。

在所有的這些小型貓科動物中——我們不妨籠統地統稱其為野貓，只有一種野貓被成功馴養了，就是阿拉伯野貓利比亞亞種（Felissi lvestris lybica）。

二〇〇七年六月二十九日，《科學》雜誌上發表了一項實驗結果，國際研究團隊整整花了六年時間去檢測全世界貓科動物（包括野貓和家貓）的DNA。在史前時期，貓的祖先分成了五類亞種，分別是：歐洲野貓、近東野貓、南非野貓、中亞野貓和中國沙漠野貓。而世界上所有的家貓，不管是可愛的中華田園貓還是毛茸茸的波斯貓——都是由五到六隻近東野貓繁衍而來的。

也就是說，最開始那幾隻不怕人的野貓和人類的互動，催生了家貓的誕生。而且直到最近一、兩百年間，非洲還存在著馴化野貓以控制鼠害的風俗。一八六九年，德國植物學家格奧爾格・施維因富特（Georg Schweinfurth）在白尼羅河旅行的時候，發現他的植物標本盒在夜間被老鼠破壞了，於是他靈機一動，採用了當地人對付鼠害的土辦法——去馴化野貓，發現非常奏效：「這一帶最常見的動物就是草原上的野貓了。雖然當地人並沒有將牠們作為家養動物進行飼養，但牠們會在這些野貓比較年幼、便於『引誘』時就捕捉牠們，這樣牠們就可以在住所和圍牆周圍成長，並開展針對鼠類的自然戰爭了。我也抓獲了這樣的一些貓，在我拴了牠們幾天後牠們就似乎失去了大部分的野性，而像普通貓咪一樣適應了室內生活。晚上，為了不讓我的植物標本處於危險之中，我就把牠們拴在我的標本盒邊，這樣我就可以安心睡覺而不用擔心老鼠會來搞破壞了。」*

隨著人類活動範圍的擴大，有一部分貓逐人類而居，開始了一段波瀾壯闊的旅程。

一般認為，最早馴化貓的人類是古埃及人，他們馴養了野貓，家貓正式誕生了**。

現存的貓科動物有三十七個物種，其中有三十六個已經被列為瀕危對象。

---

* 圖書《貓的祕密》，中國友誼出版公司，2018年版。

** 期刊文章〈馴化過程中貓與人類共生關係的最早證據〉，《化石》，2014年，第12期。

而家貓本來是其中最不起眼的一種小動物，但是之後卻在人類歷史上留下了最濃墨重彩的一筆。

人類馴養很多動物的歷史，都比馴養貓要長得多，可我們需要承認，貓依然是特別的存在。為什麼？如果不是為了取悅人類，狗是不會主動去看家、打獵或者放羊的，牛也不會主動在身上套個繩子犁地。貓唯一顯而易見的功能，就是捕鼠，但是不同於其他被馴養的動物，貓去捕鼠，是印刻在基因裡的本能。也就是說，即便是沒有人類，貓也會捕鼠。雖然貓最終接受了人類的馴化，可是依舊保存了骨子裡的獨立性。

很多養貓的人都有這樣的體會，貓時而溫柔，時而野蠻；時而黏人，時而高冷。迄今為止，牠們仍然保持了令人歎為觀止的獨立性，既能夠享受人類提供的奢華生活，也能夠適應惡劣艱險的戶外生存環境。

而這，或許正是貓讓人癡迷的原因。

人類吸貓源頭以及貓的出埃及記

從約一萬年前野貓來到人類的家門口，到四千年前古埃及人馴養出人類歷史上第一批家貓，跨越了五千多年的時間。在這段不算短的時間裡，貓出現和生活在人類周圍，瞭解人類的生活方式，適應人類的生活節奏，同時，和人類保持著若即若離的關係。*

如果沒有貓，人類歷史將失去一部分靈魂。這一點，古埃及人一定深有體會。在四千年前的古埃及，家貓正式誕生了，牠們選擇褪去身上的一部分野性，來到人類身邊。歷史學家和考古學家發現了人類歷史上和貓親近的第一批人，也就是在這個古老又神祕的地方，第一批「甘願為奴」的人類出現了。

貓和人在古埃及結緣，離不開當地發達的農業文明。作為人類歷史上較先

* 期刊文章〈中國家養動物起源的再思考〉，《考古》，2018年，第9期。

崛起的農業文明，古埃及文明的興起可以追溯到七千年前。在這裡，所有的富饒與文明都歸功於一條綿延的河流——尼羅河。

尼羅河的兩岸是撒哈拉沙漠和一望無垠的荒地，而尼羅河穿越荒漠，形成了一片狹長的綠洲，直達尼羅河三角洲和地中海。

歷史學家曾經讚歎道：古埃及就是尼羅河的贈禮。每年，尼羅河水都會定期氾濫，洪水沖刷過耕地，帶來許多上游的營養物，讓尼羅河畔的土壤更肥沃、農業作物更高產，這是古埃及人賴以生存和發展的寶貴財富。可以說，沒有尼羅河水的定期氾濫，就不會孕育出偉大的古埃及文明。

但洪水並不是有利無害的，洪水不僅帶來了有用的營養物，還帶來了有害的動物和不確定性。

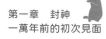

這種不確定性一方面來自洪水本身，氾濫的洪水會沖毀農田、房屋和村莊；另一方面，隨著洪水一起登陸的還有一些不速之客，比如，老鼠。

彼時，古埃及人已經開始在尼羅河河岸附近乾燥的土地上定居，過著自給自足的農耕生活。利用沙漠地帶豐富的光照條件，他們種植小麥和大麥，收割之後就把穀物儲存在坑裡。這些穀物一部分用來磨成麵粉，一部分用來釀造啤酒。豐富的穀物儲藏吸引了破壞力極強的老鼠，牠們啃食穀物，同時把古埃及人居住的地方弄得髒兮兮的，這對於辛苦耕種的農民來說，是不能忍受的。老鼠的入侵也吸引來了牠們的天敵，其中就有貓。

貓不僅捕鼠，而且還捕蛇。無意中觀察到這一點的古埃及人大喜過望。對於身處熱帶地區的他們來說，毒蛇無疑是一種可怕的生物，牠們不僅危害莊稼，還咬傷人類，甚至能夠在父母毫無察覺的情況下，毒死熟睡中的嬰孩。三千七百年前的醫藥紙莎文稿證實了毒蛇在當時的古埃及有多麼氾濫，而人們對牠們又是多麼束手無策——相關文稿中記載大量關於人被毒蛇、毒蜘蛛等傷害之後的急救措施。

最早注意到貓的一批農民，開始允許貓接近人類的居住區。貓，正式與古埃及先民結盟。但是實際上，貓並不是老鼠唯一的天敵，很多動物，比如貓頭鷹、鷹、黃鼠狼、狐狸以及一些蛇，都是吃老鼠的，一些訓練有素的家犬也可以捕鼠。另外，對付毒蛇並不是只有貓才管用，古埃及人還用貓鼬、麝貓等來清除毒蛇，牠們也是捕蛇的好手。

那麼問題來了，在人類聚居區周圍生活的野生動物那麼多，為什麼偏偏是貓備受寵愛？

其中的原委，要從古埃及的社會結構說起。

對於普羅大眾來說，我們可能不太瞭解古埃及的歷史和文化，但是一定知道古埃及的金字塔。而古埃及的社會結構，就是典型的金字塔模式。古埃及的社會分為三個等級，富有的特權階級、貧窮的農民，還有士兵、工匠、商人及職業人員構成的中間階級。其中，在尼羅河邊勤勤懇懇耕種的農民，處於金字塔的底端，以百分之八十的人口總數，牢牢穩固著金字塔的底座。他們的日常活動極其規律，就是耕種農田、飼養家畜，在農活不太忙的時候，還需要幫助王室建造陵墓、寺廟等。他們收穫的糧食用來製作麵包和釀酒，這是整個古埃及社會基本的飲食結構；再往上走，就是士兵、工匠、商人及職業人員，他們屬於中間階級；金字塔的上層，是富有的特權階級，包括祭司、土地主等，而一國之君則處於金字塔的頂端，他既是國王，又是大祭司，還是法律的制定者。

而貓在古埃及的勝利，是一種自下而上的勝利。

首先，貓贏得了農民的心。富饒的尼羅河畔，是農業開始的地方。在很長一段時間內，城市還沒有建立起來之前，這裡生活著古埃及百分之八十以上的人口，這裡的糧食產出要滿足所有人的溫飽需求。

當貓第一次出現在古埃及人定居所周圍的時候，喜歡囤積糧食、但是卻飽受鼠害困擾的古埃及人欣喜若狂，因為他們發現，惱人的齧齒類動物隨著這種小型食肉動物的到來幾乎銷聲匿跡了，而且貓對人類也沒有什麼威脅。自從貓出現之後，貓頭鷹、狗和蛇的捕鼠能力相形見絀，以至於很長一段時間內，貓都是豐收和孕育之神的象徵，古埃及人開始大量養貓。貓消滅了可惡的老鼠，既然保衛了糧倉，就是人類的朋友。

其次，貓進入貴族的家中，成了貴婦和小孩的寵物。

在三千兩百五十年前的一幅壁畫中，一位雍容華貴的婦人抱著一隻貓，還有另一隻貓臥在她腳邊。從穿著和打扮來看，這顯然是一位社會地位較高的婦人。

生活在豐饒之地的古埃及貴族，過著讓我們驚歎的精緻生活。古埃及貴婦對自己外表的要求是極高的，不同於不愛洗澡的中世紀歐洲人，古埃及貴婦在出門之前精心化妝，梳理頭髮。她們還會塗上乳膏和香水，經過太陽的照射，她們整個人都會散發出甜甜的氣息。僕人幫她們戴上長麻花辮狀的假髮，出門時，她們穿上皮涼鞋。

貴婦們不僅要求自己是得體的，她們還希望家中是整潔的。古埃及貴族厭惡混亂。而出現在貴族家中的貓，可以幫助貴族趕走老鼠之類不潔淨的動物，讓家裡乾淨又體面。

貓，贏得了上層貴族的心。和其他能夠清除害獸的動物不同，貓是唯一看起來毫無威脅，而且還能夠幫助人類驅逐有害動物的小野獸。

貓甚至影響了古埃及貴婦的審美。貓杏核般的大眼睛、眼睛周圍黝黑的眼線，給人們帶來最早的美妝靈感，古埃及女子中最流行的「貓眼妝」，由此誕生。最後，在古埃及後期，貓成為神祇的化身。人們對於貓的崇拜到達了頂峰。在經過了幾百年的馴化之後，貓在古埃及人心目中的地位開始上升，甚至上升到了神祇的位置。

古埃及人的宗教信仰中，動物崇拜占有很重要的位置，古埃及人崇拜的動物從牛、羊、狗到鷹、豺狼、鱷魚、眼鏡蛇等等，不一而足。據不完全統計，古埃及人心目中的動物之神有兩千多種。但是，這些神靈地位有高有低，其中，貓女神巴斯特就是古埃及的主神之一，被廣泛地供奉在古埃及人的家中，象徵著光明、生育和守護。在當時的古埃及，或許不是家家戶戶都養貓，但是每家一定會供奉著巴斯特的神龕，希望她的神力能夠保護家中的婦女、孩子和房屋不受到惡靈的侵害。

表面上看起來，古埃及人崇拜眾多的神靈，但是實際上，他們對於這些動物和自然現象的崇拜也好、恐懼也好，都來自他們對於平衡、公正、有序和真理的追求。

就像每年氾濫的尼羅河一樣，當它帶來的洪水過多或者過少的時候，都會對農業不利；但是當它恰到好處地氾濫時，就會帶來豐收。

貓之所以從眾多對古埃及人有用的動物中脫穎而出，成為最受古埃及人崇拜的動物之一，就在於牠們不僅能夠殺死老鼠和毒蛇，保護食物，而且還可以成為家庭成員的伴侶動物。在穀倉和田地中，牠們是兇猛的戰神，而一旦進入人類的房間中，面對友善的女主人和充滿奶香味的人類嬰兒，牠們又能夠表現出十足的柔軟。

在冷酷和溫柔之間，牠們可以自動尋求出絕妙的平衡。

而這時候的貓，已經更傾向於被馴化過的形象，溫柔、高貴，又代表著母性和保護。於是，貓就從一個捕鼠能手演變為家庭寵物，繼而又成為古埃及人廣泛信奉和愛戴的神祇。

古希臘歷史學家希羅多德來到古埃及這個充滿著神話色彩的富饒國度。他用筆忠實記錄下了我們人類的吸貓歷史是多麼源遠流長。

那時候，古埃及人正準備慶祝貓女神巴斯特的節日，希羅多德有幸親眼見證了這場全民狂歡，並把節日的盛大景象都記錄了下來：

「他們乘帆船而來，每艘船上都有很多男女。一路上，一些婦女用木板持續敲出『咔嗒咔嗒』的聲音，一些男士則吹奏笛子，其他男男女女連唱帶拍手……當他們到達布巴斯提斯的時候，他們用精緻的祭品慶祝節日，人們在這一天消費的酒比一年當中任何其他時候都要多。根據當地人的報告，有七十萬人參加了節日慶典……。」

此時古埃及人對巴斯特女神的崇拜達到了頂峰，而貓也隨之登上了神壇，享受著最高級別的崇拜。

「如果家裡著火了，先救貓還是先搶救傢俱？」

「先救貓！」對於古埃及人來說，這是一個不需要討論的話題。貓是毛茸茸的陪伴，是奢侈的消遣，還是女神的化身。在古埃及，上到王公貴族，下到販夫走卒，都對貓極度保護。希羅多德說，如果有一家古埃及人家裡死了貓，全家都會剃掉眉毛。

古埃及人甚至專門立法保護貓，不僅不允許欺負貓，甚至連惹貓生氣，都會是一種罪過。如果一個平民不小心踩到了另外一個平民的腳，可能道個歉就完事了；但如果某個平民不小心弄死了一隻貓，那很抱歉，後果會非常嚴重。

古希臘歷史學家西西里的狄奧多羅斯也寫道：「如果有人在古埃及殺死了一隻貓，無論他是故意的還是無意的，他一定會被民眾拖走處死。」*

他還曾提到一件發生在古埃及的真事。西元前六〇年，有一個笨手笨腳的古羅馬士兵駕駛著一輛馬車輾死了一隻貓。對於古埃及人來說，這是一種難以形容的恐懼——神靈會降下懲罰嗎？人們會因此而獲罪嗎？

---

* 圖書《貓：歷史、習俗、觀察、逸事》，海天出版社，2019年版。

目睹這樁慘案的古埃及士兵手起刀落，毫不猶豫地處死了這位古羅馬士兵。事後，得知此事的古羅馬高層下令，對古埃及展開了瘋狂的報復。在那個時候，一隻貓的死亡，不是簡單的死亡，而是代表著神的隕落。

不過和普通人對貓的這種敬畏形成鮮明對比的是，那些專門從事祭祀的古埃及人通常是殺貓的能手。殺掉貓女神是一種罪過，可是貓在古埃及卻常常被用來獻祭。

被製成貓木乃伊的貓通常有兩種，一種是寵物貓，牠們隨著主人一起下葬，古埃及人相信，如果能夠和心愛的寵物貓一起去到彼岸世界，那死亡也不會是一件很可怕的事情；一種是專門養來獻祭的貓，牠們被好吃好喝地伺候著，住最寬敞的房子，睡最豪華的貓窩，吃最上等的美味，然後在一個良辰吉日，牠們被掏空內臟，製作成了貓木乃伊。

十九世紀末，考古學家在古埃及的寺廟中發掘出超過三十萬具貓木乃伊，其中很多都是未滿一歲的幼貓，可見當時該風氣之盛。可憐的小貓們不會想到，每天來送飯的人、向牠們頂禮膜拜的人，居然會擰斷牠們的脖子。

深究貓木乃伊的下場讓我們感到難過，不過，考古學家則從貓舍的遺址當中，發現了最早被人工馴養的貓——橘貓。

在那些被保留下來的貓木乃伊當中，剝開表面那粗陋不堪的亞麻布，還能夠看到那些貓身上的紋路。

在古埃及，幾乎所有的貓都和牠們的野生祖先一樣，擁有鯖魚狀的條紋。這種灰黑色條紋可以幫助貓在野外很好地隱身並且保護自己，其他的顏色如黑色、白色、薑黃色、銀灰色等我們現在常見的貓花紋，在自然界中都太過顯眼，非常不利於貓的自保，很容易使牠們置身於危險境地。但是在眾多鯖魚狀條紋的貓木乃伊當中，考古學家居然發現了一種特別的顏色——橘色。

這種橘色是人類歷史上第一個被人工繁育出來的花色。這些基因突變的貓，就是橘貓的祖先。

橘貓在古埃及的出現說明這些貓並不是野貓，而是被人類養來獻祭的貓。

而因為這種特別的顏色，橘貓變得物以稀為貴。古埃及人崇拜太陽神，橘貓的顏色象徵著太陽的顏色，因此在祭祀的場所中，牠們被作為一種珍貴的祭品去獻祭巴斯特女神和太陽神。

貓在古埃及的地位讓我們感到驚訝，牠甚至影響了古埃及的歷史。

西元前五二五年，波斯人包圍了古埃及的貝魯西亞。波斯國王坎比塞斯二世率領著大軍御駕親征，但是攻了好幾個月就是攻不下來。

為了讓古埃及人儘快投降，坎比塞斯二世耍了一個陰招：他知道古埃及人崇拜貓，不肯傷貓一根毫毛，於是他命令波斯士兵把吱哇亂叫的貓綁在每位波斯士兵的胸口，作為盾牌（也有說法是把貓畫在盾牌上）。萬事俱備之後，波斯士兵就開始大張旗鼓地攻城。古埃及守軍本來勝券在握，但當他們看到波斯人的終極殺器——一群綁在他們胸口的貓之後，紛紛停下了進攻的步伐，他們害怕傷害這些無辜的貓，以及牠們所代表的神靈。

古埃及人接受了這種殘忍的要脅。為了貓，他們宣布繳械投降。

這場輕而易舉的勝利被記載在《謀略》一書中。波斯人在這場戰役中大獲全勝。但他們獲勝的方式是如此的卑鄙，後來的歷史學家每提起這次戰役，提起一次就罵一次。貓確實在那場戰役中庇護了古埃及人民，讓他們承受了較小的傷亡。*

驕傲的古埃及人並不願意成為波斯帝國的一部分，可是大勢已經不可阻擋。隨著二十四歲的亞歷山大大帝的抵達，古埃及進入了希臘化時期。後來，地中海周圍的政治勢力相繼崛起，古羅馬就是其中最咄咄逼人的軍事強國。西元前三〇年，在那個炎熱的夏天，屋大維消滅了托勒密王朝，宣布古埃及成為古羅馬帝國的一部分。無論古埃及人有多麼不願意成為其他強國的附庸，歷史的車輪也在滾滾前進。自從古埃及變成古羅馬帝國的一部分之後，就由一個獨立的國家，變成了古羅馬人的廚房，存在的價值就是生產盡可能多的穀物，去供養古羅馬急

* 儘管多處記載存在差異，但此事件在相關史料中有據可查。

劇膨脹的人口和他們的物質欲望。

在西元前三九〇年，官方正式宣布禁止對貓女神巴斯特的崇拜*。貓在古埃及跌落神壇。

但是，牠們的傳奇並沒有結束，相反，剛剛開始。

雖然當時古埃及官方一直嚴令禁止，但是有些貓還是被偷偷運出了古埃及。因為距離古埃及不遠的地方，就住著腓尼基人。既然貓是禁止出口的違禁品，腓尼基人就更想做貓的生意了。於是這些商人便將古埃及貓帶上了船，有些商人去了古羅馬，有些商人去了中東，他們也在波羅的海岸落腳，貓也跟著下了船，牠們沿著人類的腳步開始繁衍。

這是屬於貓的出埃及記。

---

* 圖書《貓的私人詞典》，華東師範大學出版社，2016 年版。

第二章　起伏
貓在兩千年間的命運浮沉

從神性隕落到面目可憎

離開古埃及後的貓去了哪裡？

研究人員通過對維京墓穴、古埃及墳墓以及近東野貓殘骸進行取樣分析發現，那些搭乘人類商船的貓離開古埃及之後，以很快的速度遍布了歐洲大陸。另外一些貓則搭乘著人類的商船繼續遠行，到了中東、亞洲等地，從此之後，貓的身影開始遍布世界各地。

和古埃及等地的人將貓奉若神明不同，歐洲人對待貓的態度是大起大落的。

在古羅馬，貓並沒有受到像在古埃及一般狂熱的歡迎，因為人們經常指責貓，覺得貓對於鳥來說太過於殘忍。

千百年來，時常出現在古埃及人壁畫上嘴裡叼著飛鳥的貓，被古埃及人看作勇猛且有戰鬥力的象徵，受到頂禮膜拜；而對於古羅馬人來說，會捕鳥可算不得什麼優點，畢竟在古羅馬，人們對於鳥類是十分偏愛的。*

被稱為「語法論著的神聖評論者」的達摩克利斯聽說自己老師家的雞被貓吃了，他十分憤慨，專門寫了一首詩去咒罵這隻貪吃的貓：「可惡的貓，你是阿克泰翁的惡犬，跟那些殺害主人的狗沒有區別。吃主人的竹雞就是吃主人。你現在只想著竹雞和那些跳著舞、開心地吃著你瞧不上眼的美味的老鼠。」**

阿克泰翁是古希臘神話中的一名獵人。有次他偷窺狩獵女神阿爾忒彌斯沐浴，令女神大發雷霆，將他變為一隻雄鹿，並且被自己的五十隻獵狗活活咬死。這是個血腥的故事，而一隻貪心吃了竹雞的小貓咪，是否需要被如此惡毒地詛咒，我們不得而知，不過卻可以看出，貓在絕大多數古希臘和古羅馬人眼中，確實地位卑微。

---

* 圖書《創造歷史的一百隻貓》，生活・讀書・新知三聯書店，2017年版。

** 圖書《貓：歷史、習俗、觀察、逸事》，海天出版社，2019年版。

此時，最可愛的貓只存在於古羅馬貴族的家中，而在北歐的神話中，貓還是愛神費蕾婭（Freya）最忠實的坐騎。而費蕾婭代表著星期五，因此當地人相信，如果有人能夠在星期五看見一隻貓，那這個人的運氣將會變得不錯。不過，神性隕落的貓，還是能夠通過自己的努力，找到屬於自己的一席之地的。

那就是在威爾斯農民的家中。

普通人家的穀倉仰仗貓去保護。貓不是唾手可得的物件，人們會給貓明碼標價。威爾斯法典明確記載，幼貓在剛睜開眼睛的時候，值一便士；從這個時候開始一直到牠能夠抓到第一隻老鼠，牠值兩便士；當這隻貓成年之後，牠便值四便士。

而在威爾斯南部，貓的身價更加昂貴。用成年與否給貓標價，還是有點簡單粗暴，他們認為貓的價值因貓而異，不能一刀切，只能估算個大概。

那怎麼進行估算呢？威爾斯人會把貓的頭放在平坦的地面上，把牠的尾巴直直地吊起來，然後開始往貓身上倒麥子，直到貓的尾巴被黃澄澄的麥子完全覆蓋，這麼多麥子值多少錢，這隻貓就值多少錢。如果有些人家並沒有麥粒，那也沒關係，拿一隻母羊來換一隻貓就好。雖然把貓倒吊起來撒麥粒的動作有些粗暴，那隻尾巴被吊起來的貓也一定覺得很難受，不過從威爾斯人對貓的重視程度來看，我們可以輕而易舉地得出這樣的結論——貓，價值不菲。

威爾斯人發現了貓的商業價值，但是在西歐的一些地方，比如法國農村，貓就沒有這麼幸運了。

在古埃及，貓因為高超的捕鼠、捕鳥甚至捕蛇能力受到人們的喜愛，但是，當古埃及家貓的後代千里迢迢來到西歐之後，牠們發現自己只能容身於農村或者下等人的廚房中。對於這些並不是很富有的階層來說，「實用」就是這些小動物唯一的價值。

而貓的實用性遠遠不只這些。

貓確實能夠捕鼠，但是跟能夠看家、狩獵，還忠心耿耿的狗相比，牠們的這點技能有點相形見絀。

短短幾百年，貓就從一個錦衣玉食、高高在上的神，變成了一群在簷溝下或是骯髒的灶臺間尋求容身之處的小野獸。貓，成了夾著尾巴生存的小動物。

彼時，貧窮的歐洲農民沒有富有的古埃及人那般豐富的想像力，也不像威爾斯人那樣發現了貓的商業價值。在他們眼中，貓除了少得可憐的一點實用價值，大部分時間看來都是面目可憎的。

為什麼呢？

在貧窮的農戶看來，貓是貪吃的。就像後來啟蒙運動的代表人物之一狄德羅所描述的那樣：「朗格勒的貓如此貪吃，看著牠們令人生疑的樣子，人們會把施捨給牠們吃的東西說成是牠們偷的東西。」農戶對貓算不上尊重，家門前警覺的狗驅趕牠們，農戶沒好氣地呵斥牠們，甚至當牠們離雞圈太近的時候，還得挨上兩腳，農戶生怕貓會對這些「手無寸鐵」的雞做出什麼血腥的事情來。在農戶眼中，這些瘦骨嶙峋的貓詭異、貪吃、不忠，他們對待貓的方式，在愛貓人眼中可以說是冷漠無情的。

用農戶的話說：「這些都是沒用的吃貨！」

不僅如此，在很長一段時間內，法國農村的地主是嚴令禁止佃農、牧民或者短工在家裡養貓的，因為貓被指控吃掉了巢中的鳥兒和可愛的野兔，而鳥兒能夠消滅害蟲，野兔應當是人類的晚餐，不應該成為貓胃裡的油水。

貓究竟是不是殺害這些小動物的罪魁禍首？貓不會說話，無法為自己辯白。畢竟鄉村淘氣的孩子也會掏鳥窩，頻繁出沒的黃鼠狼也能吃兔子。

不僅僅是在法國，貓在絕大多數歐洲的農村都沒什麼地位：「狗有多招人喜歡，貓就有多不招人待見，牠們得不到任何撫摸。粗人不懂欣賞牠們的真情，將牠們放逐。貓在敏感痛苦中煎熬。沒有友善的腿讓牠們蹭來蹭去，農村人的聲音對於聽覺敏銳的貓來說太過粗鄙。幼貓求食時發出的輕柔的喵喵聲，也沒有人聽。」

在貧窮和饑餓面前，貓的可愛顯得不值一提。

不過，也是有例外的。法國現實主義畫家米勒的畫作刻畫了一位攪拌牛奶的女人。在這幅畫作中，穿著樸素的農婦正在將香濃的牛奶倒進離心分離器，她要製作黃油。

有趣的是，她腳邊還有一隻小貓，正親暱地蹭著她的腿。不遠處的門口，有幾隻雞在朝著屋裡張望，遲遲不肯進門。

米勒是一位現實主義畫家，尤其擅長描畫鄉村的場景，而這幅畫的靈感就來自他生活在法國農村的朋友。我們前面提到了，在廣袤的歐洲農村，貓並不是農民的寵物，牠們很少被允許進入家中，往往被散養在戶主屋外的糧倉中或者馬棚裡，牠們自然繁衍。這種在農村放養的貓以自己捕食老鼠為生，只有特別受到人類寵愛的貓，才能夠進入家中，蹭蹭主人的小腿，或者臥在溫暖的爐火前打盹。

米勒畫中的這隻貓，就是鄉村貓中的幸運兒，牠不僅能夠隨意出入家宅，而且看牠跟女戶主撒嬌的樣子，就知道牠平時一定得到了額外的寵愛。有一個細節米勒畫得尤其傳神，就是當貓在屋裡撒嬌的時候，公雞和母雞遠遠地透過門框，朝屋裡偷窺——貓和雞向來關係不太好，而那幾隻偷窺屋內的雞，也說明了這隻貓在家裡享受著特殊的寵愛。或許我們可以再繼續聯想，女戶主在忙完之後，會特意留一點牛奶，放在小碟子裡，讓這隻小貓過過嘴癮。

對於清貧的農民來說，和貓親暱、親密，是一件奢侈的事情。

即便被認為貪吃、狡猾，貓也一直圍繞在人類的身邊。不被寵愛和重視的貓看起來是面目可憎的，但牠們還是有存在的正當理由的。

窮人總是有理由抱怨貧窮，可是貓似乎從來沒有抱怨過。或許我們可以這麼說，並不是人類飼養了貓，而是貓願意陪伴在我們身邊。

生為中世紀的貓，我很抱歉

雖然貓在歐洲農村算不上得寵，但最起碼，人貓還可以共存，只是牠們生存的環境並不是那麼舒適罷了。

歷史的車輪來到中世紀，人類對貓的態度一落千丈。面對那個勢必到來的怪誕的世界，貓顯得弱小又無助。

一方面，在中世紀，一隻貓的生命輕如草芥。當時的人們非常喜歡用貓皮做交易，而史料記載，宗教人士之所以喜歡用這種「低賤」的毛皮做服裝，主要是因為這是一種低成本的禦寒方式。中世紀屠貓遺址中的累累白骨顯示，很多貓被專業的養殖人員飼養到成年，目的就是獲得牠們的毛皮。

另一方面，貓作為一種不招人喜歡的低等動物，被放到了基督教的對立面。中世紀一般是指從西元五世紀到西元十五世紀的時期，是歐洲歷史的一個中間時期。人們普遍認為，中世紀開始於西羅馬帝國滅亡（西元四七六年），最終和歐洲文藝復興及地理大發現接軌。

中世紀的大幕緩緩拉開，在一切都要為宗教讓位的時期，不僅人的發展受到壓抑和禁錮，貓的黑暗時代也來臨了。

一開始，在中世紀初期的幾百年間，宗教對貓還算仁慈。歐洲的宗教人士喜歡貓，原因很簡單，貓有強大的捕鼠能力，能夠很好地勝任「經卷守護神」的角色。

那時候，歐洲人已經開始在羊皮紙上書寫，這種書寫材料柔軟、有韌性，但是價格十分昂貴。這些羊皮書卷由人工抄寫，費時費力。那些抄寫在羊皮紙上的《聖經》等基督教經卷，不僅有文字，往往還帶有彩色插圖，有些書的封面上還裝飾有水晶、黃金等，讓這些手抄本變得更加精美絕倫、價格昂貴。有學者計算過，如果賣掉這樣一本手抄本的《聖經》，差不多能夠在歐洲的城鎮裡買下一棟樓。物以稀為貴，對於那個時代的歐洲人來說，以基督教經卷為代表的書籍並不僅僅是知識的象徵，更是身分和藝術的象徵，一般人難以觸及，因此，保存好這些經卷就顯得格外重要*。直到現在，羊皮紙也並沒有完全消失，在現代英國，重要的檔案或者聲明還會使用羊皮紙作為書寫材料，二〇一一年，英國的威廉王

* 期刊文章〈中世紀羊皮紙檔案〉，《文明》，2015年，第8期。

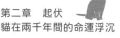

子和凱薩琳王妃大婚，他們的結婚證就是用羊皮紙做的。

由於藏書的地方往往老鼠肆虐，貓被認為可以保護經卷不受老鼠啃噬。貓成為人類歷史上最早的「圖書管理員」。而貓所守護的圖書可比現代大規模印刷的圖書要昂貴得多，是絕對的奢侈品。因此，貓責任重大，受到修道士們的稱讚和喜愛。

雖然一開始是因為貓的功能性而接納了貓，但是，心腸柔軟的僧侶們難免會對貓日久生情。

八世紀末，一位在奧地利修道院修行的愛爾蘭修道士專門為他的白貓龐古爾賦詩一首*。於是，龐古爾成為歐洲史料記載的第一隻生活在教堂的寵物貓。這首不起眼的小詩被修道士寫在宗教手稿的空白處：

當一隻老鼠溜出洞，我的貓咪是多麼高興！

---

* 圖書《貓：九十九條命》，湖南文藝出版社，2007年版。

當我大方展露我的愛，我感到多麼快樂！
我們平靜歡樂地工作，我的貓和我，
我們在自己的藝術裡找到幸福，
我有我的幸福，牠有牠的幸福。
日復一日地磨煉，我的貓已精通牠的行當。
我日日夜夜尋找智慧，將黑暗變成光明。

我們現在已經不可能知道這位修道士的名字了，我們唯一知道的是，那時候，貓曾經在修道院度過了一段和人類非常親密的日子。跟那些生活在農場裡、看人臉色吃飯的貓相比，修道院裡有養魚池，貓守護經卷有功，經常可以愉快地分到魚來吃。

不過，幸福的日子總是短暫的。對於日漸被宗教氣息籠罩的歐洲來說，這是僧侶和貓咪之間最後的溫存。不久之後，兢兢業業在教會和圖書館上班的貓被「撤職」，牠們的命運如風飄絮，如雨打萍。

貓在中世紀受到排擠、迫害的原因，主要和歐洲歷史上兩個重要的歷史事件有關，一個是在十四世紀肆虐歐洲的鼠疫，另一個是隨之而來的獵巫運動。

從十三世紀到十七世紀，整整四百年，貓在歐洲，尤其是西歐，幾乎沒有立足之地。那時候的人認為世界上充滿著無法理解的鬼怪和魔法，而貓則參與其中。

為了更好地瞭解貓和鼠疫的關係，我們先來說說貓和女巫。

當教會取代古羅馬帝國成為主宰之後，歐洲各地相繼皈依了基督教。但是先前對於其他宗教的崇拜，還是在民間的角落被保存了下來，這些宗教的遺留被基督教籠統地歸結為「異端」，要加以剷除。

而曾經流行的那些關於貓的信仰，成了牠的原罪。因為貓並不是基督教的神。

貓的地位在中世紀一落千丈，是從一份臭名昭著的檔案開始的。一二三三年六月，古羅馬教皇格利高裡九世頒布了「羅馬之聲」。這份訓誡性質的文件特別提到了那些不信仰基督教的異端對於魔鬼的崇拜，譴責了異端分子背棄上帝的信仰，祕密集會，他們居然崇拜魔鬼。這個魔鬼先是一隻大癩蛤蟆，然後變成一個形容枯槁的男子，最後，幻化成一隻貓*。

在這份正式的教皇詔書中，貓，尤其是黑貓，被官方認定為魔鬼——誰信仰貓、庇護貓、愛貓，就是公然與基督教為敵，就是背棄上帝。那些擁有貓，尤其是有黑貓的人被逐出了教會。教皇格利高里九世鼓勵人們用黑貓祭祀。除非牠脖子上有一撮白毛，這撮白毛被稱作「天使的印記」，也被稱為「上帝的手指」。

離開古埃及之後的貓，褪掉了自己的一身神性，牠們帶給普通人方便，給孤寂清修的修道士世俗的快樂。然而，就是這世俗的快樂，讓中世紀的貓背上了兩大罪名，一個是誘騙基督徒的愛——上層的基督教徒警告普通修道士和廣大信眾，他們對貓的迷戀妨礙了清修，折損了基督徒對上帝的愛：「你在修道院撫摸

---

* 博士論文〈《女巫之錘》與獵巫運動〉，2011年3月。

貓背獲得的樂趣，超過了主教巴齊爾生活在上帝威嚴中的樂趣！」*

宗教對貓的態度開始影響到世俗生活，從上層社會到普通人家，無一倖免。可能有不少人私底下會覺得貓很可愛，但是，隨大流地厭惡貓、批判貓、和貓劃清界限，是一個絕對不會出錯的選擇。

於是從十四世紀開始，歐洲上流社會把貓列入了餐桌禮儀當中，嚴禁人們在吃飯的時候撫摸貓或觸碰貓。那些不小心被貓染指的食物，必須毫不留情地丟棄，就像丟棄被蒼蠅汙染過的食物一樣堅決。

第二個罪名，也是最核心的罪名，就是貓是女巫的化身，而女巫是魔鬼在人間的代理人。

魔鬼為什麼如此罪大惡極？在《聖經》中，魔鬼最初的名字叫作撒旦，本義是「抵擋」，基督教故事中引誘夏娃的那條蛇，就是魔鬼的化身。而基督教認

---

* 圖書《貓的私人詞典》，華東師範大學出版社，2016年版。

為，魔鬼是上帝最大的對手。魔鬼本來也是天使，後來因為反對上帝，墮落成了魔鬼*。他主要做的事情就是讓人放棄對上帝的信仰，如果有人願意和魔鬼做交換，就能夠換取魔鬼給予的魔法或者豐厚的物質報酬。

魔鬼是人世間所有的疾病、貧窮、混亂、不道德的始作俑者，但是魔鬼並不輕易現身。魔鬼在人世間有自己的代理人，這些代理人就是大大小小的巫師，尤其是女巫。約瑟夫・格蘭維爾在一六八九年將巫師的特徵歸納如下：

1.她們在塗上油脂後，飛出窗外，到達遙遠的目的地；

2.她們變形為貓、兔子及其他動物；

3.她們通過嘟囔無意義的詞句舉行荒謬的儀式，引起騷亂；**

……因此，一定要先處死巫師。

---

* 《新約・啟示錄》中描寫了魔鬼的形象。

** 博士論文〈近代早期西歐的巫術與巫術迫害〉，2006年4月。

怎樣判斷一個人是不是巫師呢？在中世紀歐洲人的眼中，巫師有男有女，不過以女性居多，而且以年老、貧窮的婦女居多。她們往往年齡在五十歲以上，苦出身，是農婦、乞丐、逃犯，或者是打散工的苦命人。

女巫和貓又有什麼關係？周作人曾考證過這段歷史，一般認為，女巫會變成其他動物，其中最有名的就是貓。

德國民間流傳著關於女巫變成貓的傳說：一個小村莊的磨坊中接二連三地發生命案，一些窮苦的雇工毫無來由地死去。正當磨坊主苦於無人可用的時候，有一個年輕人來到他的面前，主動爭取這份工作。磨坊主非常開心，同時也憂心忡忡地說：「這裡最近頗不寧靜，有人說是被女巫纏上了，希望你做好心理準備。」年輕人扶了扶腰間的長劍，微微一笑，表示並不害怕女巫，他十分需要這份工作。午夜時分，萬籟俱寂，年輕人在爐火邊打盹。這時候，有幾隻貓從牆洞中躥出，牠們撲向年輕人，同時身形開始急速變大，變得像一個成年男子那麼大。年輕人抽出寶劍，砍掉了一隻貓的腿，其他幾隻貓尖叫著逃跑了。第二天，年輕人告訴了磨坊主晚上的遭遇，說：「這些神神怪怪的東西不會再出現了。」磨坊主又喜又憂，喜的是年輕人把女巫趕走了，憂的是他的妻子突然生了急病，臥床不起。

年輕人聽說後，主動提出幫忙看病：「我略通醫術，我幫您看看吧。請您把手伸出來。」可是病入膏肓的磨坊主妻子只願意伸出左手，右手一直藏在被子裡。年輕人掏出昨晚那隻被他砍下來的貓爪，這時候，磨坊主的妻子神情大變，她承認，自己就是女巫，昨天晚上變形成了一隻貓，而其他幾隻貓則是她的同夥，都是女巫*。

但凡有點智商的人都不會相信這樣的故事，但偏偏這樣以訛傳訛的坊間傳聞，把貓同邪惡聯結在一起。女巫會變成貓，還會變成黑貓，與此同時，她們還會有自己的精靈，這些精靈往往會變成動物，比如貓、兔子或者沒有腿的獵狗。

---

* 圖書《周作人自編集：秉燭談》，北京十月文藝出版社，2012年版。

一六四四年，英國一位「搜巫將軍」宣布，在多日堅持不懈的搜尋下，他終於破獲了一個由七、八個女巫組成的女巫組織，而她們被發現的原因就是，某個週五晚上，這些女巫要集會，其中有個女巫召喚了她的精靈——一隻貓，去另外的女巫那裡傳話，這隻精靈被「搜巫將軍」半路攔截，牠對於自己及女巫的行徑供認不諱。於是，「搜巫將軍」宣布，這個「女巫團」案正式告破*。

我們很難擺脫歷史的局限性去批評當時的歐洲人，畢竟和同時期的中國宋明社會相比，彼時的歐洲還是一個貧窮的社會。學者這樣形容當時歐洲社會的慘澹：「在那裡沒有商店、碎石路，也沒有公共服務，教堂作為唯一的公共建築而存在。這是一個小販、本地集市、黃土大道、水井、個人和燭光火焰構成的世界。房屋潮濕而有臭味，極不舒服，家養牲畜和人在同一屋簷下生活。」**

而當時的人們對巫師的指控，往往與疾病和農業生產有關，這恰恰是普通

---

* 博士論文〈近代早期西歐的巫術與巫術迫害〉，2006年4月。

** 圖書《與巫為鄰：歐洲巫術的社會和文化語境》，北京大學出版社，2005年版。

民眾最為看重的地方，也是最容易引起恐慌的地方。*

那人要怎麼做才能擺脫巫師的擺布，擺脫不幸呢？要對付這些狡猾的巫師和她們的貓，最好的辦法就是火刑。**

人們，尤其是社會底層的勞苦大眾，感到孤獨和無助***。當人們面對突如其來的苦難和困境，找不到求解之路的時候，就會遷怒於這些女巫，包括她們身邊的貓。從一四三〇年到一七八二年，這三百多年的時間內，有數萬個巫師被處死，而被處死的貓不計其數，整個歐洲，貓的數量急劇下降。

中世紀有很多開明人士，但是極少人認為處死女巫有什麼不對，燒死貓有什麼不妥。畢竟在他們眼中，跟因巫術帶來的「天譴」相比，處死幾個女巫，燒死幾隻貓，是無足輕重的。

---

* 博士論文〈近代早期西歐的巫術與巫術迫害〉，2006年4月。

** 博士論文〈《女巫之錘》與獵巫運動〉，2011年3月。

*** 圖書《社會學》，商務印書館，1991年版。

一六八二年，路易十四頒布法令禁止對巫師進行審判。一七四九年，隨著最後一名女巫在巴伐利亞被處死，這場轟轟烈烈的貓咪迫害運動暫時告一段落。

貓、女巫與黑死病

最要緊的是，我們首先要善良，其次要誠實，再其次是以後永遠不相忘。

——杜思妥也夫斯基

一三四八年，一艘滿載著東方香料及其他貿易品的貨船長途跋涉抵達歐洲，當船巨大的身軀到達港口的時候，早早在港口邊等待的人們發出陣陣歡呼聲。對於十四世紀的歐洲人來說，海上貿易已經是促進經濟發展的重要手段，有不少人以此為生。然而這艘貨船與眾不同，它帶來的不僅僅是來自東方的財富，還有順著海上貿易線從中亞地區遠道而來的旅客。這些旅客下船了，他們臉色蒼白，呼吸急促，不斷咳嗽。

等待多時的人們沒注意到什麼異樣，但實際上，這些遠道而來的人早已病入膏肓，他們身上攜帶的致命病原微生物就是鼠疫耶爾森菌。

雖然當局緊急宣布禁止生病的人上岸，可是那些攜帶著病原微生物的老鼠，卻順著商船上的繩索登陸了義大利，隨後入侵整個歐洲。

人類歷史上曾經暴發過好幾次重大傳染病，但是從一三四七年前後開始在歐洲大陸肆虐的黑死病（鼠疫）無疑是最引人注目且最具有毀滅性的瘟疫之一，是人類歷史上永恆的夢魘。

黑死病主要通過人、鼠、跳蚤的共存流傳。由於鼠疫耶爾森菌切斷了人體中的內迴圈，所以染上這種病的人會在短時間內渾身出現出血點，然後演變成黑斑，手腳發黑、身體生瘡，最終全身潰爛而死。黑死病因此而得名。*而在當時的歐洲，感染上黑死病的人，基本上必死無疑。而其他人如果接觸到這種疫病的

＊ 期刊文章〈論十四世紀英國的聚落環境與黑死病的傳播〉，《世界歷史》，2011年，第4期。

飛沫、血液、屍體等，也會被傳染。

黑死病開始流行，人們束手無策，大批大批的人死去。黑死病在歐洲足足肆虐了四年，據學者估計，有三分之一以上的歐洲人被奪去了生命。

驚慌的人們開始尋找原因。

十四世紀的歐洲，在暴發疫病之前，呈現出一片欣欣向榮的景象。雖然精神上處於宗教的壓制中，但是這並沒有影響歐洲經濟的快速發展。人口膨脹，城市擴容，貿易興旺。貴族的莊園富麗堂皇，但是平民區的衛生卻十分堪憂，汙水橫流，老鼠成災。普通人沒有衛生意識，而且蔑視醫學。

他們不僅沒有將這次傳染病和老鼠聯想起來，而且偏執地認為瘟疫的流行都是女巫、魔鬼和異教徒的把戲。宗教也宣稱，這是上帝對人類的懲罰，如果想要洗脫罪名，除了向上帝禱告，還應當找出明顯的罪人。

於是，猶太人、異教徒、巫師、同性戀者、與社會格格不入的人，都成了被懷疑的對象，都成了替罪羊。其中，對猶太人的人身攻擊頻頻發生。而貓也無法倖免。貓是女巫和魔鬼的化身，被焚燒、被迫害、被虐殺。

前文已經提到，中世紀中晚期，貓被當作女巫的寵物和魔鬼的使者，或者乾脆就被當作女巫和魔鬼本身。人們無法找到疫病發生的原因，就將其歸結為女巫在施法，貓也罪加一等，應該被處死。在接下來的兩百多年間，無數貓連同牠們的主人一起被殺死，一般來說，牠們的主人都是女人，尤其是貧窮、年老、孤苦的女人。

大批大批的貓被處死，鼠類缺乏天敵，所以其數量呈幾何級增長，這客觀上大大加快了黑死病傳播的速度*。同時，貓身上雖然帶有鼠疫耶爾森菌的抗體，但是也存在感染的風險，貓被感染後有潛伏期，從一天到五天不等，如果人在這時候接觸或者處死攜帶鼠疫耶爾森菌的貓，也會被感染，並且會很快發

* 期刊文章〈鼠疫研究進展〉，《中國人獸共患病學報》，2011 年，第 27 期。

病死去*。

一三五二年，黑死病逐漸從歐洲大陸消失。多年之後，現代科學家指出，並不是當時的人類戰勝了黑死病，而是黑死病自己「收手不幹」了。而最大的原因可能是死去的人太多致使傳染源被切斷了。

貓在中世紀的日子並不好過，一方面，牠們成了黑死病的替罪羊，另一方面，牠們在獵巫運動中飽受牽連。

十五世紀開始興起的獵巫運動是非常荒誕不經的，但是，同樣產生了深遠的社會影響——窮人們逐漸相信，迫害他們的不是宗教，而是女巫和魔鬼。窮人和教會、統治者的距離越拉越大，教會和統治者高高在上，而窮苦大眾則在社會的最底層，彼此猜忌。人和人之間互相爭鬥，整個社會充滿著戾氣和不信任。

* 期刊文章〈貓在疾病傳播中的流行病學作用探討〉，《疾病預防控制通報》，2012年，第5期。

對於十五世紀的歐洲人來說，就像一個世紀以前，歐洲暴發黑死病，人們把憤怒發洩在貓、猶太人、異端分子和同性戀者身上一樣，對於貧窮、天災和農作物歉收，人們也要找一個替罪羊，這個替罪羊，就是女巫和她們的貓。

時至今日，我們永遠無法理解那個時代歐洲人的恐懼，我們對於他們的評價只有兩個字——野蠻。

但是他們（尤其是社會底層的普羅大眾）的可悲之處也在於，死亡和饑荒的恐懼是真真實實存在著的，誰也無法反駁。

與其說他們恐懼魔鬼、巫師和小貓咪，不如說他們恐懼饑荒、疾病和死亡。再加上當時的基督教反覆宣稱末日即將來臨，卻從沒有說清楚什麼時候會來、具體有什麼徵兆*。因此，人們整日生活在末日即將來臨的恐懼中。

饑荒像是末日，疫病像是末日，飛來飛去的女巫像是末日，甚至院子裡偶

---

* 引自《馬太福音》。

然躥出來的貓也像是末日到來之前的徵兆。

尤其是經過疫病、戰爭和死亡的洗禮，這種末世的荒涼感更加強烈。人類或許有一千種孤獨，但是，他們忘記了在數千年前主動向他們走來的貓咪，可以成為他們的避難所。

對於中世紀的貓來說，牠們選擇沉默，直到人類能夠糾正自己的謬誤。或許貓希望人類有一天會懂得，正因為疾病、災難和死亡就在眼前，更應該學會去愛。

或許貓相信，只要愛還在，希望就在。

人類有時候很溫柔，在他們富足的時候；有時候又很暴力，在他們陷入恐懼的時候。貓似乎可以看透這一點。

貓並沒有從人類歷史中隱匿，牠們只是靜靜地走開。貓似乎也沒有抗爭，只是用那雙從萬古洪荒中穿越而來的眼睛，注視著人類的慌張、驚恐，看穿人類心中的怕與愛。

歐洲的屠貓狂歡

被燙過的貓害怕熱水，那些把貓拿去煮的人，應該把他們拿去冰鎮。

——雅克・普萊維爾

一九六三年，在牛津大學做博士論文的羅伯特・達恩頓追蹤到了一批十八世紀的法國檔案資料，在這批資料中，他讀到了一位名叫尼古拉・孔塔的人的文獻記錄。這個人年輕的時候曾經在巴黎做過印刷工人，並且目睹了一場「屠貓狂歡」。

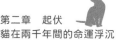

透過達恩頓歷史學家的視角和小說家的文筆，我們至今仍然能夠通過那場發生在十八世紀法國的屠貓狂歡，看到那些貧窮的農民、受壓迫的工人、冉冉升起的資產階級和逐漸沒落但是依然風光的貴族，看到他們之間的緊張關係。

一七四〇年左右，在法國巴黎的聖塞佛倫街，一場「大戲」正準備上演。「大戲」的導演是幾位平日裡默默無聞的印刷業學徒。當他們背著行囊來到巴黎的時候，所有人都暗示他們，這是一個充滿前途的地方，他們將在這裡紮根立足、賺錢發財、突破階級，走上人生巔峰——巴黎，像一個用金線編織的夢。這些窮苦人家出身的小夥子們都指望著透過自己艱苦卓絕的努力，金燦燦的財神爺會帶著鑲滿寶石的捕夢網，在某個平淡無奇的夜晚翩然而至，帶領他們脫離苦海，去往紙醉金迷的遠方。

可是，好幾年過去了，什麼奇跡都沒有發生。

宿舍裡擠進來的學徒越來越多，飯菜越來越差，師父叮囑廚師給這些壯小夥子們多做點葷腥——他們天天做苦力，可不能吃得太素。廚房裡那個油頭粉面的師傅一邊滿口答應，一邊卻偷偷把大魚大肉拿去賣掉，中飽私囊。那拿給學徒們吃的是什麼呢？師父和師娘養了不少寵物貓，廚師在給寵物貓備飯的時候，把好肉先給貓留著，剩下的那些太老、太柴、讓人難以下嚥的肉，統統給這些學徒吃。

有一次，學徒實在是吃不下廚房做的菜，又怕倒掉太可惜，剛好看見師父和師娘的貓在院子裡散步，就把剩飯丟給牠。貓走過去聞了聞，露出嫌棄的表情，掉頭就走。這個學徒的內心受到了極大的震撼，自己在這裡賣命幹活，換來的就是這樣的待遇嗎？

師父和師娘把貓看作心頭愛，他們養了差不多二十五隻貓。在彼時的巴黎印刷業，養貓是一種時尚，也是一種地位和身分的象徵。這家印刷廠也是如此，他們家的每一隻貓都有專人伺候，而且還雇傭畫師給牠們畫像。而這所有的一切，學徒們都看在眼裡。

為什麼一群活生生的人還不如幾隻喵喵叫的貓呢？鄉下的豬、牛、羊，哪個動物不是天沒亮就下地幹活，怎麼就貓這麼高貴呢？為什麼牠們能臥在師娘的腳邊睡到自然醒，他們卻要飽受折磨呢？

人不如貓。

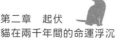

無法接受這一點的印刷業學徒們發起了一場令人毛骨悚然的屠貓儀式。

他們找到師父和師娘的寵物貓，折磨牠們，並且毫不留情地殺死牠們。先被置於死地的是師娘養的小灰。工人們追趕、棒打、溺死這毫無防備心的生靈，他們發出痛快的笑聲。

小灰的慘叫聲驚動了師娘，她提著重重的裙子衝出家門，發現小灰已經嚥氣，死狀可怖。她尖叫著告訴自己的丈夫，這個遇事就容易暴躁的印刷業老闆火冒三丈，工人們看到崩潰的師娘和失控的師父，更加得意了。

為什麼殺貓會讓他們覺得有趣？社會學家這樣解釋他們的心態：「工人、學徒，每個人都在工作。只有師父和師娘在享受睡眠和美味。這使得羅熱姆和萊偉耶心懷怨恨。」[*]而羅熱姆和萊偉耶正是這場屠貓狂歡的始作俑者。

其他印刷業學徒從這場屠貓狂歡中得到了啟發，原來還可以用這樣的方式折磨自己的老闆！隨後這場屠殺波及面擴大，整個巴黎的貓都被殃及。當時法國的有錢有閒階級酷愛擼貓，所以折磨貓，就等於折磨這些該死的有錢階級。在這

---

* 圖書《屠貓狂歡：法國文化史鉤沉》，商務印書館，2014 年版。

樣一個新舊交替的歷史時刻，貓成了人類洩憤的工具。古往今來，那些被憤怒沖昏頭腦的人類都擅長倚強凌弱，貓卻只能默默承受，因為牠們既不能開口辯解，也無還手之力。

而這些印刷工人的反應是什麼呢？根據尼古拉・孔塔的回憶，這些年輕人覺得非常好笑，他們「哈哈大笑，鬧成一團」*。

對於生活在好幾個世紀之後的現代人來說，這確實沒有什麼好笑的。而對於愛貓人來說，更是不能理解其中的笑點，一群成年男子對著幾隻毫無還手之力的貓咪大開殺戒，這讓我們笑不出來。

問題來了，為什麼是貓？為什麼殺貓這件事情這麼「好笑」？

首先，在當時的歐洲，一直有著以折磨貓為樂的民俗。

對於當時的很多人來說，折磨貓不是一個道德議題，僅僅是大家習以為常

* 圖書《屠貓狂歡：法國文化史鉤沉》，商務印書館，2014年版。

的一種通俗娛樂*。為了慶祝兒童節，法國中部城市瑟米爾的市民會將貓綁在柱子上點火來烤，貓咪發出尖銳的叫聲，兒童在旁邊被逗得哈哈大笑。在巴黎，從一四七一年起，國王路易十三會親自到廣場點燃歡樂之火，然後將事先裝入袋子裡面的幾十隻貓投入火中。

不僅僅是法國，英國也是一樣的殘忍。在宗教改革期間，為了討好宗教人士，把貓的鬍子刮乾淨，並給貓穿上長袍，好讓貓看起來像神父。不過別想得太天真，他們的目的不是為了膜拜牠，下一步就是將貓釘在十字架上，或者將其送上絞刑臺。

其次，從之前的分析我們可以粗略地瞭解，貓被認為與魔鬼和巫術相關。當時的人普遍相信女巫會作法害人，她們會變成各種各樣的動物，其中最常見的就是變形為貓。他們認為，女巫會在每週二或者每週五的時候參加一個叫

---

* 圖書《屠貓狂歡：法國文化史鉤沉》，商務印書館，2014年版。

作「巫魔會」的集會，在這個集會上，不輕易現身的魔鬼會變成一隻大公貓。

在這個集會上，牠們又唱又跳，瘋癲打鬥，互相雜交。因此，普通人可不要輕易去招惹這些貓，尤其是在週二或者週五晚上出沒的貓。如果一個法國鄉村的農民偶遇一隻蹭他腿腳的貓，他不會彎下身來摸摸貓，反而極有可能賞牠一頓毒打，因為據說殘廢的貓是不能夠施展法力的*。

第三點原因，也是最深沉的原因，就是對於貓的傷害體現了城市中的工人階級對於資產階級的恨意。

從十五世紀開始，印刷術開始取代羊皮紙書寫，成為主要的書籍複製和傳播形式。而那時候的印刷業也不僅是一種新興產業，更是火紅的朝陽產業。在那個印刷業剛剛在巴黎站穩腳跟的黃金時代，誤打誤撞進入這一行的印刷工人過著自由自在的神仙日子，他們有著可觀的薪水，還有充足的休閒和睡眠時間，

---

* 圖書《屠貓狂歡：法國文化史鉤沉》，商務印書館，2014 年版。

師父和師娘對他們很友善，學徒和學徒之間、學徒和師父之間關係很和諧，他們是相親相愛的一家人。但是時過境遷，當尼古拉．孔塔等人聽說巴黎的印刷業待遇優渥，懷揣著夢想前來打拼的時候，印刷業已經不復當年的風光。越來越多的年輕人擠進這個行業，因此工人們的薪水開始逐年下降，沒有協會來保障他們的權益，而資本家老闆也不會考慮學徒們的死活——瘦死的駱駝比馬大，他們已經悄無聲息地掙夠了錢，所以可以在絲絨大床上一覺睡到天亮，招貓逗狗。

工人們認為，資產階級的可惡就在於老闆不用工作，他們的妻子和女兒還可以養寵物*。

這是一種非常微妙的心態，以印刷業學徒為代表的工人面對著資產階級的壓迫，開始從心中升騰出一種強烈的不滿。他們無法直接找到老闆或者老闆娘發洩這種不滿，於是，他們選擇對貓下手，而且是用一種暴力的形式。

---

* 圖書《屠貓狂歡：法國文化史鉤沉》，商務印書館，2014 年版。

心理學上有一個名詞叫作「踢貓效應」，意思是說人的壞情緒會隨著社會等級關係而一環一環地傳遞，最終傳導到最底層，那個無法反抗的弱者就成了暴力行為的最終受害者。而針對當時的情境來說，資本家、印刷業學徒和貓——貓就是最終的受害者。印刷業學徒在資本家那裡受了氣，就去欺負比他們更加弱小的東西，比如貓。儘管我們一再說，被馴化了的貓仍然野性未除，是頂級的獵手，然而面對孔武有力的人類，牠們也只有被欺負的份。

不過在徹底瞭解了人類的不仁、無常和盲目之後，貓仍然沒有走開。牠們遠遠地站在一個不為人知的高處，睥睨眾生。

笛卡爾、邊沁等哲學家的腦回路

貓的處境讓人心碎。

我們已經知道，在當時的歐洲，受傷的總是貓咪的原因——宗教、迷信和貧富差距。可是當時的人們對貓如此苛刻，他們的內心不會痛嗎？人人都有同情心，為什麼那個時代的大多數人，對於貓咪受到的不公正待遇無動於衷？

我們還可以從這個事件中找到更深層次的哲學因素。

十九世紀的奇書《魔鬼辭典》中收錄了「貓（Cat）」這一詞條，當愛貓人士興沖沖地翻到有「貓」的這一頁，百分之九十九的人都會想去撕爛作者的三寸不爛之舌。他是怎麼定義可愛的小貓咪的呢？他說：

大自然所創造的柔軟、乖順的機器，專供家庭生活不順遂時暴打和虐待之用。*

該書的作者安布羅斯・比爾斯是一位美國文壇怪傑。他出身貧苦，但是才華橫溢。他對貓的看法讓人不快，不過這不是安布羅斯・比爾斯首創的，毒舌如他，也只是當時一種主流哲學思想的搬運工。

這種理論的鼻祖就是哲學家笛卡爾。笛卡爾是十七世紀法國偉大的哲學家，現代西方哲學的奠基人。他的名言貼在眾多教室裡，就是那句著名的「我思故我

* 圖書《魔鬼辭典》，遠足文化，2016 年版。

在」。雖然大多數人不明白這句話中的深意，但是絲毫不影響笛卡爾在人類思想史上閃耀的光芒。

出生於法國的笛卡爾家境富裕，又從議員父親那裡繼承了可觀的遺產，這讓他有充足的時間去潛心思考。他特立獨行，永遠衣冠楚楚，腰中佩戴著一柄寶劍。和他一絲不苟的形象相呼應的，是他對動物居高臨下的態度。

笛卡爾認為，動物就像機器一樣，完全是由毫無意義的零部件組成的，因此動物毫無知覺，更沒有辦法感受到疼痛。笛卡爾的觀點對於當時的人影響很大：「人可以隨意地肢解動物，就像鐘錶匠拆解鐘錶一樣。你會心疼一隻被拆解的鐘錶嗎？不會。那動物也是如此。」*

就拿貓來說，既然牠們毫無知覺，感覺不到疼痛，所以即便是對牠們做一些很過分的事情，也沒有關係。比如當時在歐洲王室中流行的一種娛樂：貓琴。

* 期刊文章〈笛卡爾的「動物是機器」理論探究〉，《南華大學學報（社會科學版）》，2019年，第10期。

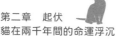

一五七一年，比利時布魯塞爾人為西班牙國王查理五世舉行遊行的時候，為了娛樂這位神聖的帝王，他們用到了貓琴。

貓琴是一種令人咂舌的樂器，人們把幾隻貓分別關在箱子裡，在箱子上面掏出一個小孔，讓貓的尾巴從小孔裡露出來。開始表演的時候，演奏者就會有節奏地拽貓尾巴，貓發出尖叫聲，聽眾們載歌載舞，拍手大笑。查理五世這位南征北戰的帝王是否喜歡貓琴這種音樂，我們不得而知，想必貓琴演奏出來的音樂，應該不會是一種美妙的音樂*。

比利時人並不是這種惡趣味的創始人，貓琴的前身其實是豬琴，是法國人發明的。豬琴比貓琴更殘忍，人們把豬圈在一起，然後在周圍裝上帶針刺的裝置，演奏者按照一定的節奏去踩踏板，連帶著的針就會有節奏地去扎豬，豬發出尖叫聲，圍觀的人紛紛大笑。後來，法國作家在記錄史實的時候對這段不堪的歷

---

* 圖書《貓的私人詞典》，華東師範大學出版社，2016年版。

史表示懺悔，坦誠的法國人認為這樣做確實是喪盡天良，罪大惡極*。

這是一種非常殘忍的樂器，然而據說在歷史上還有人通過貓琴治好了一位義大利王子的憂鬱症，因為王子聽到貓琴的音樂就會發笑。這讓人無法理解。

笛卡爾的哲學思想影響很大，一方面，他提出的「我思故我在」肯定了人的作用，挑戰了長久以來神學對於人的禁錮；另一方面，作為一個非常有聲望的哲學家，笛卡爾關於動物是機器、感覺不到疼痛的觀點，為當時盛行的科學實驗提供了庇護。當時的歐洲出於科學研究的需要，經常用動物活體做實驗，社會上曾經出現了用動物活體做實驗是否殘忍的爭論。笛卡爾的觀點在很大程度上打消了研究者的顧慮**。

笛卡爾的偉大舉世公認，但是他對於動物的觀點在一定程度上助長了人性

---

* 圖書《貓的私人詞典》，華東師範大學出版社，2016 年版。

** 期刊文章〈笛卡爾的「動物是機器」理論探究〉，《南華大學學報（社會科學版）》，2019 年，第 10 期。

中恃強凌弱的一面。當時的人們普遍認為動物只是人類的工具——馬、牛、羊、豬生來就是要被人奴役和吃掉的，即便是貓這種自由的生靈，也是為了取悅人類而存在的，上層人士和知名學者也秉持著這樣的觀點。英國地理學家賴爾就在他的著作中寫道：「大自然賦予馬、狗、牛、羊、貓和許多家畜適應各種氣候的能力，是為了使牠們能聽從我們的調遣，使牠們能為我們提供服務和說明。」

而人類總是在反思中進步的。

作為「功利主義」最著名的宣導者之一，英國哲學家邊沁旗幟鮮明地反對笛卡爾的「動物是毫無感覺的機器」這樣的觀點。邊沁認為，動物絕對能夠感受到疼痛，而且，正因為牠們和人一樣有著感知能力，所以動物，比如貓，更不應該被殘忍對待。邊沁為了給動物做辯護，曾經發表了一個慷慨激昂的演說。在演說中，他說：「長有幾條腿、皮膚是否長有絨毛、骶骨孔是否閉合，這些都不能構成剝奪一個生靈享有與人類同等權利的原因……還有什麼使動物解放不可逾越？動物是否擁有思考能力或者語言能力？成年的馬或狗，還有其他許多有靈性的動物，顯然要比一周甚至一個月大的嬰兒更理性。從另一方面來看，這種說法仍舊成立：問題不再是『牠們會思考嗎』或者『牠們會說話嗎』，而變成了『牠們會感到難受嗎』，為什麼法律不能對一切生靈提供保障？總有一天，博愛將庇蔭所有生靈……」*

一七七三年，在法國梅斯，歐洲最後一個犯下屠貓罪的城市宣布同貓和解。這一年，在最高長官的批准下，本來要被人類變成烤肉的十三隻貓被釋放了，釋放牠們的人是阿爾芒蒂耶爾夫人，如今梅斯市還有阿爾芒蒂耶爾路，以紀念這位偉大的女性。**

一八二二年六月二十一日，突破了重重阻礙，英國正式通過了《防止殘忍和不當對待家畜的法案》，俗稱《馬丁法案》，這是人類歷史上第一部防止殘忍

* 博士論文〈英國動物福利觀念發展的研究〉，2015年4月。

** 圖書《貓的私人詞典》，華東師範大學出版社，2016年版。

對待動物的專門性法案。在該法案中明確規定，殘忍毆打、虐待、濫用、使動物力竭——任何令動物遭受不必要痛苦的人類行為，都有可能被認為是違法行為，會受到法律的懲罰。隨後，經過社會各界人士的據理力爭，包括貓、狗在內的寵物也被納入了法律保護的範圍之內。*

在被人類逼到牆角之後，陰影終於漸行漸遠，貓迎來了自己的曙光。跟隨著人類從狩獵時代到農業時代，從工業革命時代到近現代，數千年過去了，在漫漫歷史長河中，貓曾經被人類奉為神靈，後來被丟到牆角，再後來被妖魔化，再後來還被工具化。總之，人和貓的相處方式多種多樣，其中不少相處方式，並不是貓所喜歡的。

就像一位法國作家所說：貓，不向任何人索要任何東西，被神化也好，被

* 博士論文〈英國動物福利觀念發展的研究〉，2015年4月。

妖魔化也好。牠們不需要被奉若神明，牠們只想安安靜靜地待著*。

所幸貓並沒有離人類而去，當人類溺愛牠們的時候，牠們就走近些；當人類驅趕牠們的時候，牠們就躲進陰影裡，若即若離。

直到社會上絕大多數人開始覺醒，貓的運勢才真正開始往上走。曾經被認為貪婪、無常、狡猾、諂媚、黑暗、懦弱的貓，背負著世間所有陰暗罵名的貓，在歐洲忍辱負重數百年的貓，經過了多年的磨難，隨著人類文明的進步，貓終於迎來了自己的曙光。

此時應該為貓響起貝多芬第五號交響曲——貝多芬告訴我們，沒有一種命運是唾手可得的，沒有經受過蔑視，沒有忍受和奮鬥得來的人生不值得過，貓生也是如此。

真是激勵人心，一切都開始反轉，貓象徵著智慧。舊秩序不喜歡什麼，新

* 圖書《貓的私人詞典》，華東師範大學出版社，2016年版。

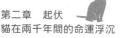

世界就擁護什麼。

貓，成了光明和智慧的象徵。尤其是黑貓，有著眾多簇擁。在東西方歷史上，黑貓都有過莫名其妙被人類汙名化的血淚史，然而到了十九世紀和二十世紀，黑貓卻向傳統公然宣戰。牠們是反傳統和酷風格的代名詞，這一點剛好和時尚、藝術、思想和哲學不謀而合。甚至還有人在黑貓身上找到了優雅。

一九五八年，紀梵希畫了一幅珠寶草圖，這張草圖呈現的是一位妙齡女子抱著一隻黑貓——該女子和奧黛麗・赫本神似。而法國藝術家亨利・馬蒂斯也非常鍾愛黑貓的陪伴，二十世紀五〇年代，當他臥病在床時，日夜陪伴他、安撫他的，就是一隻黑貓。

「貓奴之父」的首屆貓展和品種貓概念的誕生

和歐洲貴族一樣，十九世紀末的英國女王維多利亞也在貓咪的溫柔鄉中沉淪。她最愛的是兩隻波斯貓。

在女王個人喜好的影響下，英國皇宮中經常舉辦小型的「吸貓大會」，參加的都是上流社會的貴族，他們帶著自己鍾愛的寵物貓，其中以英國本土的短毛貓和波斯長毛貓最為受寵。

經常受邀參與的知名人士中，有一位名叫哈里森・韋爾，他是貓奴，也是著名的貓咪插畫家。

發現了英國上流社會對純種貓的狂熱之後，他萌生了一個想法：與其讓這些貴族們自娛自樂，不如讓更多的人來參與！

維多利亞女王對他舉辦大型貓展的想法表示支持，於是，一八七一年七月十三日，首屆大型品種貓展在倫敦舉行，這就是水晶宮貓展。

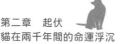

貓展上星光熠熠，貴族們帶來自家的愛貓，讓高傲冷豔的貓主子接受大賽評委們苛刻的審視。哈里森・韋爾既是貓展的發起人，也是評委之一。

既然是比賽，就一定有標準。哈里森・韋爾根據貓頭部的形狀、毛的長短、眼睛的顏色等將貓分為不同的類別，他還草擬了評審指南，評委們給貓打分，得分高的貓就可以在貓展中獲勝。

哈里森・韋爾憑藉著貓展策展人和標準制定者的身分，成了「貓奴之父」。然而品種貓和非品種貓的區別是什麼呢？人們一般認為，最基本的區別就在於，同一品種的貓非常相似，而非品種貓則血統混亂，甚至連長相都各不相同。除此之外，英國人首先提出，品種貓的殊勝之處不僅僅在於血統純正，更在於牠們都有著溫順、黏人和穩定的個性，這讓這些品種貓比非品種貓更適合伴人左右，更有商業價值。

在貓展和「品種貓」概念的推波助瀾下，更多的貓被繁育和創造了出來，這是「貓奴之父」始料未及的：「我發現多數人的主要理念，與其說是為了提升貓的生活待遇而爭取獎牌，不如說是為了滿足個人的虛榮心。」

在繁育品種貓的過程中，人們制定了兩大標準：一是貓的外形，一隻「英國短毛貓」必須長得像「英國短毛貓」，而不能像狸花貓或者阿比西尼亞貓，否則就會被認為血統不純，影響牠們的身價；二是貓的性格，繁育者普遍對貓的捕鼠能力沒有任何要求，他們一心希望培育出更加黏人、更加適合伴人左右的物種。那些成年後顯現出野性、冷淡和不服從的貓咪逐漸失去了繁育後代的權利，而那些性格溫順討喜的貓咪則更有資格去交配，牠們的後代也更有可能表現出溫柔親人的性格。

物以稀為貴，品種貓一度是名流和貴婦家中的奢侈品，普通人無福消受。十九世紀以來，英國和美國率先繁育品種貓。他們定義貓的類型，設立品種的標準。

品種貓有三大來源，一種來源是本身就存在的貓，通過人工繁育讓其基因、外形或性格更加穩定，比如英國短毛貓、美國短毛貓和暹羅貓。

第二種來源是本身存在、但是基因突變的貓，通過人工繁育讓牠們的某一種基因更穩定，比如折耳貓、短腿貓、無毛貓等。

第三種來源是本身不存在、是由人工創造出來的貓，比如孟加拉豹貓。

繁育者知道人類需要什麼樣的貓——更可愛的外表、更親人的性格，以及能給人帶來情感上的撫慰。於是，很多歷史上從未有過的貓品種被創造了出來。

讓我們把視線再次聚焦到星光熠熠的水晶宮貓展，其中的優勝者之一是一位本土選手——英國短毛貓。

英國短毛貓（簡稱「英短」）是世界上最古老的品種貓之一，一般認為牠是英國的本土品種。據說英短的祖先是跟著古羅馬凱撒大帝南征北戰的貓，主要負責保護糧倉，戰功赫赫的牠們隨後被帶到了英國。

英短是很多熱門 IP 的原型，Hello Kitty 的官網上顯示，這隻風靡全球的小貓咪就是以英短為原型的，牠出生在英國倫敦的郊區，是一隻出生在十一月的天蠍座小貓咪。動畫片《貓和老鼠》（Tom and Jerry）裡，Tom 也是以英短為原型創造的。

英短在貓展上的大獲全勝，讓貓展開始在愛貓人士當中流行。十幾年後，這場愛貓熱潮燃燒到美洲大陸。一八九五年，美國紐約舉行了首次美國貓展，參賽選手主要就是來自美國本土的貓，其中就包括美國短毛貓。

關於美國短毛貓（簡稱「美短」）的身世，有兩種流傳甚廣的說法。一種說，美短是美國土生土長的本土品種；另一種則說，美短並不是美國土生土長的，而是隨著歐洲移民偷渡來的。

一六二〇年秋天，一艘滿載著歐洲清教徒的小船抵達了美洲。這艘小船不過二十七公尺長，卻足足承載了一百零二個人、十幾隻貓，還有一些生活必需品。這就是大名鼎鼎的「五月花號」。這艘船從英國出發，一直漂了三個月最終才抵達美洲。他們不僅帶來了早期殖民者，而且帶來了貓，這些貓就是美短的祖先。

遠航的歐洲船隻一直有帶著貓上船的傳統，畢竟在輪船上，食物和飲用水都經不起老鼠的糟蹋，於是，貓就成了遠航的生活必需品。當「五月花號」上的早期歐洲移民下船後，貓也隨之登陸了美洲。

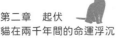

在美洲，貓是健壯、勇敢以及「捕鼠能力滿分」的代名詞。

在同時期的歐洲，牠們圓頭圓腦的樣子也深得貴族們的喜愛，經常和孩子一同出現在象徵主義的畫作中。在歐洲畫家法蘭西斯科・哥雅的作品《唐・曼努埃爾・奧索裡奧・德・蘇尼加》中，就出現了美短的前身。這幅畫現藏於美國大都會博物館，畫中有一隻眼睛炯炯有神、帶有銀色虎斑條紋的貓，牠正全神貫注地盯著一隻鳥，這被認為是美短歐洲祖先的樣子。而從牠身旁那個面容姣好、穿著蕾絲領邊紅天鵝絨緊身衣的小男孩來看，畫的是一個上流社會的家庭。

一八九五年，在美國首次貓展當中，奪得頭魁的就是一隻美短，而且被估出了一萬美元的天價。一時間，美短攀上了「貓生」巔峰，貴婦們追捧牠，孩子們吵著要擁有牠。牠們的巨幅頭像接二連三地出現在報紙的頭版頭條，牠們享受著至高無上的榮耀。

不過，在短短四十幾年的時間內，在北美寵物市場上，一隻美短的價格從一萬美元的天價開始急劇縮水。到了一九三九年，一隻顏值爆表且捕鼠能力超群的美短只能賣到五美元。美國本土有一批美短愛好者，在美短這個品種陷於困境的時候，他們開始積極地對其進行品種改良。在他們的努力下，美短的外形更穩定、性格更親人，身體也較牠們的歐洲祖先更結實。

此時的貓咪，跟牠們的原始祖先相比，在外表方面更為多樣化。

一九五一年，蘇格蘭一家牧場裡誕生了一窩小貓，其中有隻叫作蘇絲的貓，牠的耳朵跟其他貓都不同，牠的耳朵是向下耷拉著的。最開始的時候，牧民並沒有在意。後來蘇絲當爸爸了，這一窩小貓中又出現了折耳貓，這次是一公一母，公貓叫作雪球，母貓叫作鼻涕蟲。

雪球和鼻涕蟲被帶走領養之後，牠們的後代中又出現了折耳貓。人們這才決定，把這種折耳貓當成新品種來繁育，並且獲得了遺傳學家的幫助和支持。蘇絲孩子的後代也可以穩定地繁育出這種折耳的貓種。

一九七八年，在被發現並選擇性繁育將近三十年後，折耳貓獲得了世界上最大的愛貓協會 CFA 舉辦的貓展的冠軍。

蘇格蘭折耳貓性格溫順，不愛活動，看起來總是很慵懶，而且時常給人一種眼含秋水、楚楚可憐的感覺，飼養的人很多。馬未都的觀復博物館就收養了一隻蘇格蘭折耳貓，他給牠起名叫作「蘇格格」，確實，折耳貓立不起來的耳朵賦予了牠我見猶憐的氣質。

貓咪的外形都有其相對應的生物學意義，貓耳朵要正常轉動、傾斜，至少需要六十二塊肌肉的協作。那折耳對於貓意味著什麼呢？其實折耳是一種並不太好的基因突變，是一種軟骨發育異常。不能立起來的耳朵是一種強烈的信號，表示這種貓患有先天的遺傳疾病，在成年之後的某一天，可能會飽受四肢扭曲和尾部畸形的痛苦，最終會因為疼痛而無法行走，從此與藥物為伴。

澳洲科學家研究表明，世界上沒有完全健康的折耳貓，牠們發病只有時間上的早晚和病情上輕重的不同。

貓是一種忍耐力很強的動物，折耳貓更是如此。表面上看起來牠們是在慵懶地休息，實際上可能只是習慣了忍受痛苦。

二〇〇三年，歐洲貓協聯盟的研究員曾公開三百個免費X光檢測名額，讓折耳貓繁育者帶著牠們所謂健康的折耳貓來檢測關節問題。但是這些擅長給購買者洗腦說折耳貓不會發病的繁育者，沒有一個人帶著貓前來做X光檢測。這或許就很能說明問題了。

和折耳貓相似，短腿貓也是基因突變的產物。一九九一年，初次現身貓展的曼赤肯短腿貓讓世人為之驚豔。紐扣般的大眼睛，圓墩墩的身材，讓這種貓看起來像剛出爐的包子一樣軟糯，又因為性格親人，近些年來有很多擁護者。但實際上科學研究已經證實，這種為了迎合人類喜好而被培育出來的短腿貓，比一般的貓更容易得關節炎。

如果說折耳貓和短腿貓是出於審美的需要而被繁育出來的，那麼另一種貓則是為了保護人類而生。一九六六年，加拿大安大略省，一隻母貓生產了。令人驚奇的是，這窩小貓當中有一隻看起來光禿禿的，好像沒有毛。主人用手摸了摸，這隻小貓身上只有一層稀疏的絨毛，要不是知道這是貓生的，還真的就像個會發熱的桃子。

其實早前在法國和墨西哥也出現過這種小貓，當地人只是覺得這是怪事，但是沒有人去培育牠。一九〇二年，新墨西哥州阿爾伯克基出現了兩隻無毛貓，其中一隻被狗弄死了，另外一隻並沒有生育。

安大略省的這隻幼貓長大後，人們發現牠確實與眾不同。牠肌肉發達，毛髮稀疏，頭部不像一般貓那樣圓圓的，而是類似於三角形，耳朵長，眼睛大，身上褶子多。貓蹲坐的樣子有王者的風範，很像古埃及神話中令人聞風喪膽的獅身人面斯芬克斯。

在西方神話中，史芬克斯是擁有獅子身體和飛鳥翅膀的雄性怪物，牠受天后希拉之命，整日蹲守在懸崖邊，問路過的人說：什麼東西早上四條腿走路，中午兩條腿走路，晚上三條腿走路？那些回答不出來的人都會被吃掉。直到有一天，底比斯國王萊瑤斯之子伊底帕斯路過此地，果斷地回答出了正確答案「人」，之後史芬克斯羞憤自殺。人們普遍認為，古埃及法老卡夫拉用史芬克斯的形象造了一座雕像，就是現在被稱為世界第七大奇跡的獅身人面像。

無毛貓的繁育者覺得牠霸氣罕見的外形堪比史芬克斯，於是加拿大無毛貓又獲得了一個暗黑、氣息十足的名字——史芬克斯無毛貓。

和其略顯暗黑的外形形成鮮明對比的是牠黏人的性格。很多貓即便是和主人朝夕相處，也願意保留一些自己的傲嬌。無毛貓則恰恰相反，表面上看起來兇悍，實際上卻毫無攻擊性，更不會向人類或者同類主動發起挑戰。因為缺乏貓毛保護的牠們，非常容易在攻擊中受傷，而這對於牠們嬌嫩的皮膚來說都是無妄之災，說不定會讓自己喪命。

可以說，無毛貓這個品種是為了保護過敏人類而生的。

別看牠們長相這麼「剛」，名字這麼霸氣，牠們比一般的貓咪更需要人類的愛。無毛貓最適合生存的溫度是二十五度左右，低於十度很有可能就會凍死，這註定了這種貓一輩子只能跟人類在臥室內生存，一旦被拋棄，被放逐野外，則必死無疑。如果在寒冷的冬天想要帶牠出門，就要像包裹人類嬰兒一樣把牠包得嚴嚴實實，否則就會有致命的危險。

現在，貓的品種前所未有地多，並且有更多的種類正在被繁育出來。

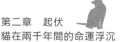

法國觀察家約瑟夫・梅里說：「上帝創造貓，是為了讓人類體驗撫摸老虎的樂趣。」

但實際上，人類不僅想要撫摸老虎，我們還想要撫摸非洲的獅子和亞洲的豹貓……。

於是，有人比照著這些動物的樣子，繁育出了新的貓種。

二十世紀五〇年代，美國肯塔基州的尼克・霍納為印度黑豹的模樣而著迷，他突發奇想，能不能比照著印度黑豹的樣子，複刻一個縮小版的黑豹呢？

一九五八年，由緬甸貓和美國黑色短毛貓雜交的小黑豹誕生了。這種貓本身和印度毫無關係，只是因為酷似印度黑豹，所以人們就以印度城市孟買來命名這種貓，稱其孟買貓。

而一九六三年，美國基因學家瓊・薩格登宣布了一項雜交計畫，他用家貓和亞洲豹貓交配，最終目的是希望培育出兼具豹貓野性斑紋和家貓溫柔個性的新品種。在四代之後，當雜交後的貓身上只有八分之一的亞洲豹貓血統之後，孟加拉貓誕生了。也有人喜歡把孟加拉貓叫孟加拉豹貓。

隨著工業革命的進程，貓砂的發明成為促使貓走進千家萬戶的重要契機。美國《商業週刊》曾經將貓砂評為二十世紀最偉大的發明之一，這個頭銜貓砂當之無愧。

貓是一種極為審慎的生物，牠們會選擇鬆軟的沙土排泄，並且迅速將排泄物掩埋，這樣做不僅是為了乾淨，還能夠掩飾自己的行蹤。那些想要把貓養在家裡的人，要麼是準備一個盆子，在裡面裝上土、沙子，甚至煤灰，讓貓排泄；要麼被迫選擇散養貓，讓貓在家吃飯睡覺，但是留個門洞讓牠們跑出去排泄。不過這也帶來一個問題，就是家養的愛貓很容易走丟。

一九四七年，二十七歲的美國人愛德華・羅威發明了黏土貓砂。托貓砂的福，在所有的家養動物裡，貓成為最為特別的存在，只有貓能夠在家中自由來去。牠們溜進書房，跳上主臥的大床，人類的家成了貓的領地。

寵物貓的出現增進了人和貓的情感聯結，而貓砂的發明則催生了一個新崗位的誕生——「鏟屎官」。

這時候的貓已經不再標榜自己是捕鼠能手，牠們深知美貌和可愛就是正義。如今，地球上的絕大多數動物都忙著靠體力打拼給自己掙口飯吃，就連曾經貴為萬獸之王的老虎，也難以擺脫被人類關進牢籠、用鐵鍊子鎖著充當拍照背景板的命運。唯獨貓另闢蹊徑，深諳「柔弱勝剛強」的道理，僅僅靠可愛賣萌占領了人的內心。在社交網路上，愛貓已經成了一種「政治正確」，但凡有人對貓有一點不好，一定會招來四面八方愛貓人士的口誅筆伐和道德審判。

第三章　漂流

貓奴在中國

五千三百年前，中國就有貓奴了

在很多人的印象裡，貓是現代人的寵物，而在悠長的中國古代歷史中，貓應該是沒有太多存在感的。但實際上，當我們穿越進中國古代的歷史洪流中，就會發現，可愛的貓咪始終圍繞在中國古人的身邊，並象徵著某種意義——牠們有時候被奉若神明，有時候又被解讀為奸猾狡詐、面目可憎的惡靈；牠們有時候是上層社會的寵物，有時候又化身成人們炫耀品位和財富的工具。但更多的時候，貓是值得寵愛的小東西，是世俗生活裡最低成本的治癒精靈。

中國古代有沒有貓？

一直到清代，不少人還認為，貓是從唐代才開始有的，而且貓不是中國的「土特產」，是舶來品——他們認為所有的貓都來自古印度。

清代人的愛貓筆記《貓乘》中有這樣一段話：「中國無貓，種出於西方天竺國，不受中國之氣。釋氏因鼠咬壞佛經，故畜之。唐三藏往西方取經，帶歸養之，乃遺種也。」

中國古人——尤其是文人們確信，貓是從天竺國來的，原因很直接，當年玄奘法師西天取經，千辛萬苦背回來不少經文，在那個沒有影印機也沒有行動硬碟的時代，背回來這麼多真經需要小心翼翼地保存。但千防萬防，毛賊難防，老鼠是這些經卷肉眼可見的天敵。所以和歐洲修道院中的貓及中東清真寺中的貓一樣，中國貓也和寺院結下了不解之緣。

不過實際上，作為低調的愛貓之國，中國人和貓的歷史比我們想像中的要更加源遠流長。

和古埃及一樣，同樣是以農業立國的古代中國，也祭祀和貓有關的神靈，感謝牠們護穀有功。祭貓的禮制延續了一千多年，直到唐宋之際，歷任皇帝還肩負著祭貓的職責*。

---

* 原文出自《舊唐書》。

在古書當中，貓有時候叫「貓」，有時候叫「狸」。先秦思想家韓非子在他的書中提到，真正良好的社會制度，就是像公雞打鳴一樣規律，像狸捉老鼠一樣敬業*。

「狸」是指能捕鼠的貓科動物**，後來也指被馴化的家貓或者寵物貓。在文獻中「狸」和「貓」存在著一定程度的混用，都可以用於指代家貓，也都指代過豹貓、野貓等中小型貓科動物。而貓在文獻中還有個別名，就是「狸奴」。

過去一般認為，中國的家貓是兩千多年前由歐洲大陸傳來的，而中國本土本來並沒有貓。但最近幾十年來，中國的考古發現頻頻證明，早在學界所公認的

---

* 原文出自《韓非子》。

** 中國古書中，存在「狸」和「貓」混用的情況。有些學者認為，「狸」就是野生的貓，「貓」就是家養的貓；還有學者認為，「狸」是尖臉的貓，「貓」是圓臉的貓。這些說法都能夠找到文獻依據作為支持，但是，從整體的中國古代文獻來看，這些說法都不具有壓倒性的普遍意義。所以現在學界對於「貓」和「狸」的用法，一般都認為存在混用的情況，都可以指家貓，也都指代過豹貓、野貓等貓科動物。

這個時間節點之前，生活在中國這片土地上的先人們，就已經有了和貓生活在一起的證據。

該結論源於一次重要的考古發現。

根據最新的考古成果，家貓在中國出現的時間，遠比我們想像的要長很多。一九五八年，為配合黃河三門峽水庫修建工程，北京大學歷史系考古專業的專家們對陝西泉護村進行考古發掘。隨後，在一九九七年和二〇〇三年對泉護村先後進行三次考古發掘之後，這個華山腳下平平無奇的小村落，因為重大的考古發現而揚名考古學界。

考古學家發現，在遺址周圍常常可以找到齧齒類動物的洞穴。為了防止鼠患，泉護村的先民們發明了一種專門用來存放糧食的陶甕，這種陶甕底部小到不能再小，但是敞口卻非常寬大，這讓陶甕側面的傾斜度非常大。考古學家認為，這種陶甕不僅有儲存糧食的功能，而且設計出如此大的傾斜度，就是希望利用這種奇特的造型讓老鼠難以攀爬*。

同時，在遺址中還發現了蒼鷹、雕、貓頭鷹等猛禽的骨骼，這些猛禽多是捕鼠能手**。而和其他在泉護村遺址中發現的動物骨骼不同的是，貓和這些猛禽身上都沒有任何人為穿孔或者打磨的痕跡***，這說明早在五千多年前，我們的祖先已經開始尊重這些捕鼠的生靈了。而這也成為貓和中國祖先相伴共生最早的考古學證據，有非常重要的意義****。或許我們可以大膽推斷，中國本土有貓，貓的馴化可能發生在世界上幾個不同的地區，中國的貓並非完全由西方傳來。

---

* 期刊文章〈貓、鼠與人類的定居生活——從泉護村遺址出土的貓骨談起〉，《考古與文物》，2010年，第1期。

** 期刊文章〈陝西華縣泉護村遺址發現的全新世猛禽類及其意義〉，《地質通報》，2009年，6期。

*** 期刊文章〈貓、鼠與人類的定居生活——從泉護村遺址出土的貓骨談起〉，《考古與文物》，2010年，第1期。

**** 期刊文章〈馴化過程中貓與人共生關係的最早證據〉，《化石》，2014年，第1期。

在對這隻貓進行同位素分析之後，研究者發現，牠的體內肉食比例比較低，而粟類的比例比較高，這意味著，牠很可能是生活在人類聚居區周圍的家貓，而且被古人餵養*。除此之外，在半坡遺址、大汶口遺址等，也都發現了類似的貓遺骸。

貓遺骸的考古發現並不能完全證明過去的祖先已經開始馴化家貓，但存在這樣一種可能性——貓很早以前就出現在中國人的生活中。

到了漢代，貓變得更加活躍，現在我們已經能夠非常容易地找到貓潛伏在中國人身邊的蛛絲馬跡。

二〇〇二年，中國社會科學院考古研究所漢長安城工作隊在漢長安城城牆西南角遺址地層中發現了漢代家貓遺骸。研究者測算發現，這隻家貓的體格比一般的野貓要偏大一些，這顯現出牠在距今兩千多年前的漢代生活的時候，過得很

---

* 期刊文章〈馴化過程中貓與人共生關係的最早證據〉，《化石》，2014年，第1期。

滋潤。跟那些尋尋覓覓找尋食物的野貓相比，牠有著豐富的食物來源，這意味著牠很可能是被人們當成寵物來餵養的。*

除此之外，甘肅武威也發掘出了漢代的木貓。在這個漢代墓葬群裡面，貓作為一種圖騰或者藝術品出現。甘肅武威身處絲綢之路的必經之地，或許有一部分被古埃及人馴化的家貓，在被帶出古埃及之後，順著絲綢之路，千里迢迢東渡到了中國，開啟了牠們在這個古老東方國度的奇幻漂流**。

除了在西北出沒，湖南也有了漢代貓的身影。一九七二到一九七四年，考古工作者先後在湖南省長沙市東郊馬王堆發掘了三座漢墓。二〇一六年六月，馬王堆漢墓被評為世界十大古墓稀世珍寶之一。馬王堆漢墓是西漢初期的長沙國丞相利蒼的家族墓地，其中出土了大量的珍寶。而對於愛貓人士來說，最激動人心

---

* 期刊文章〈西安漢長安城城牆西南角遺址出土動物骨骼研究報告〉，《文博》，2006年，第5期。

** 期刊文章〈東方朔「跛貓」、「捕鼠」說的意義〉，《南都學壇（人文社會科學學報）》，2016年，第1期。

的不是其中保存完好的女屍，也不是薄如蟬翼的羽衣，而是在這座震撼世人的貴族墓葬中，發現了貓的蹤跡。

這些貓被畫在漆食盤上，牠們身上都有鯖魚紋——最早的家貓身上都是這種紋路。這些精美的餐具上總共畫了一百多隻貓，而且形態各異，沒有兩隻貓是一模一樣的——有的貓看起來養尊處優，有的貓看起來野性十足。

漢代人很喜歡狗，貴族會飼養名犬，但是普通人也會吃狗肉。鴻門宴中的樊噲，就是一個「屠狗之輩」。跟漢代的狗相比，貓則尊貴許多。其中很可能的原因，就是貓在當時還比較稀少，物以稀為貴。

在漢代之前，貓在中國古人的生活中並不是十分常見。而從墓葬當中的貓遺骸或者貓裝飾、貓紋路中我們可以推測，貓是稀有的，因此只有像長沙王丞相利蒼這樣的貴族，才能夠享受貓的陪伴和護佑。而對於當時最早一批和貓有親密接觸的中國貴族來說，他們和貓的聯繫更是在精神層面的——貓不僅僅是溫馨的寵物，更是神祕、吉祥的瑞獸。

這些墓葬裡貓的蹤跡如同中國祖先與貓之間關係的縮影，人們和貓保持著若即若離的關係，既不像宗教籠罩下的中世紀歐洲那樣對貓歪曲仇恨，也沒有對貓過分依賴溺愛。

貓，在漫長的歷史長河中，游走於中華文明的邊緣地帶，不近不遠，卻意義重大。

首先，中國古人喜歡訓練狗去抓老鼠，但自從貓開始進入平常人家的生活之後，古人就越來越少用狗來捕鼠*。貓在中國最開始也是最具實用性的動物之一，對於中國人來說，捕鼠是貓存在的價值所在，幾乎各個階層都有求於貓的這種「神力」。中國以農業立國，貓捕鼠，間接保護了糧食。

其次，在很長一段時間內，書籍都是奢侈品。對於文人來說，貓可以保護他們的書架免於鼠患。

---

* 期刊文章〈三台郪江崖墓「狗咬耗子」圖像再解讀〉，《四川文物》，2008年，第6期。

還有一個重要的理由便是，從西漢開始，光滑柔美的絲綢不僅是中國的特產，更成為享譽世界的奢侈品。製造絲綢的原料包括蠶絲等，這些原料很容易受到老鼠的啃噬，所以也需要貓的保護。畢竟，絲綢有著無可比擬的經濟價值，老鼠啃的不只是一種物品，而是真金白銀，因此，貓的守護就顯得格外重要。

最後，人們養貓還有一個很重要的原因，貓不但能守護人們現實的生活，還是墓葬的守護神。中國人向來有「視死如生」的生死觀，死亡不過是在另外一個世界延續生命。很多貴族活著的時候就開始建造陵墓，死後他們的墓中會放置大量的陪葬品，也會讓人對他們的屍體進行特別的處理，期望能夠屍身不腐，在另外一個世界延續富貴榮華。不過，一個不容忽視的事實是，墓葬裡潮濕的環境，貴族的屍體，還有大量殉葬的人和動物，這些都很容易成為滋生老鼠的沃土。

想到老鼠跑到墓穴裡作威作福，想到自己的肉身可能會被老鼠啃食，靈魂不得安寧，這些貴族當然不會坐視不管。中國古人一度認為，在墓葬中出沒的老鼠是妖怪變的。而貓能夠將老鼠消滅，那就意味著貓有降妖除魔的本事*，能護佑著墓主人平安抵達來世。

就這樣，貓搖身一變，從陽間的捕鼠小能手，變成了陰間當之無愧的靈魂擺渡者。

日本人為什麼愛貓？來大唐找答案吧

在唐代，貓不僅非常普遍，而且也成為文化軟實力的重要象徵。日本是如今舉世聞名的愛貓之國，日本人在文獻中記載，日本原來沒有貓，第一隻貓是從唐國「進口」過去的：「昔武州金澤文庫自唐國取書而納之，為防船中之鼠，則養唐貓也——謂之金澤之唐貓，皆稱名物也。」

所謂「西有羅馬，東有長安」，上文中所說的唐國，就是繁榮綺麗的中國

---

* 期刊文章〈三台郪江崖墓「狗咬耗子」圖像再解讀〉，《四川文物》，2008年，第6期。

大唐。

漢代時，貓還是貴族家中物以稀為貴的珍品，而到了唐代，在宮廷中、長安城的貴人家中，常常可以看到貓在人們身邊嬉戲的身影。

不過對於剛剛有貓的日本人來說，唐貓是遠渡重洋而來的奢侈品，只有頂級貴族才有資格擁有和賞玩。當時的宇多天皇就有幸得到了一隻唐貓，這隻貓是他的父親送給他的。這隻貓毛色漆黑如墨，高貴冷傲。於是，年紀輕輕就有貓的宇多天皇成了日本歷史上最早被人熟知的「貓奴天皇」。

他精心照顧這隻黑貓，牠的吃穿用度都是最好的，而且囑咐下人說，必須給這隻貓喂牛奶。對於平安時代普遍禁食肉類的日本貴族來說，牛奶是最重要的營養來源，也就是說，宇多天皇給了貓如同頂級貴族一般的待遇，可見他對貓的寵愛程度*。

---

* 圖書《貓狗說的人類文明史》，悅知文化，2019年版。

從宇多天皇之後，唐貓逐漸成為日本貴族祕而不宣的寵物，於是衍生了日本貴族的「炫富」新方式：我有一隻唐貓！

因為唐貓實在名貴不易得，所以當時的達官貴人養貓時，一般都會在貓的脖子上綁上貓繩，有點類似於現在的遛貓繩或者牽引繩，主要是為了防止貓一不小心走丟。日本的著名文學作品《枕草子》中記載了生長在深宅大院中的唐貓迷人的身影，同時我們也能看出，這個時代的日本貓確實是要繫著繩子的，而且都有自己的名字：「夏天掛著帽額鮮明的簾子外邊，在勾欄的近旁，有很是可愛的貓，戴著紅的項圈，掛著白的記著名字的牌子，拖著索子，且走且玩耍，也是很美的。」

其實早在貓出現在日本貴族家中之前，他們已經與狗有很親密的關係，宮中有專門的機構飼養狗，巡狩、打獵的時候，狗也經常作為優秀的幫手常伴君王左右。儘管如此，有十八般武藝的狗也常常不敵新受寵的貓。《枕草子》中描繪了一隻名叫「翁丸」的狗，因為受人驅使要去咬天皇的御貓。天皇得知之後非常生氣，下令毆打這隻不知天高地厚的狗，並將其遠遠流放。

除了捕鼠這個技能，唐貓還被賦予了靈性、神祕的色彩。

唐代筆記小說《酉陽雜俎》就描述了一個和貓有關的因果報應故事。

唐憲宗元和年間，首都長安有不少紈褲子弟。他們自大、暴躁，目中無人。其中一個富家子弟，叫作李和子，跟那些喜歡炫富的紈褲子弟稍有不同，那就是他不僅狂，而且壞。

他的壞讓長安城的老百姓都覺得毛骨悚然。他有個讓人難以接受的癖好——愛吃貓。在集市上、大街上，不管是有主的貓還是無主的貓，只要是入了他的眼，他就會將其逮走飽餐一頓。

那天是李和子人生當中普通的一天，他和往常一樣，梳了頭，粉了面，大搖大擺地出街了，他腰間掛著美玉，胳膊上架著兇猛的鷂鷹，在長安城的大街上招搖過市。

此時，有兩個衣冠楚楚的紫衣人攔住了他的去路。

「你是不是叫李和子，你爸是不是李努眼？」紫衣人問。

「正是。」李和子點了點頭。

紫衣人從懷中掏出厚厚一沓紙，遞給李和子。那像是什麼官方檔案，上面的紅印濕淋淋的，像是血跡未乾。

李和子再仔細一看——在這個長安城和煦的春日裡，他渾身發冷，彷彿置身寒冷的冰窖。

「見其姓名，分明為貓犬四百六十頭論訴事。」這是曾經被他虐殺、烹煮的四百六十隻貓狗遞給他來自地獄法庭的訴狀，控訴他用極其殘忍的手段殺害了自己，而且要地獄法庭主持公道，趁早讓李和子拿命來償。

李和子嚇壞了，「撲通」給兩位紫衣人跪下，央求帶他們去喝酒小坐。傍晚的旗亭杜，人聲鼎沸，觥籌交錯。店小二見平日裡飛揚跋扈的李和子貓腰弓背地走進來，已經很稀奇，更稀奇的是明明只有李和子一個人喝酒，卻足足要了九碗，嘴裡還一直默默念叨：「烹貓殺狗我罪該萬死……」

鬼開口了：「既然你請我們吃飯，我們自然要網開一面。你去湊四十萬冥幣，明天中午之前燒來，保你續命三年。」

第二天，李和子把冥幣悉數焚燒，鬼化成一陣紫煙飄散而去。三天後的夜晚，李和子暴斃——人與貓狗的恩怨戛然而止。

鬼許諾的不是三年嗎，怎麼變成三天了？沒錯，因為地下三年，就是地上三天。*

人類的想像力是詭譎的，但是在這些奇異故事背後，是不是在說，連鬼尚且有人情的餘溫，而那些烹貓煮狗卻內心毫無波瀾的人，那些表面上光鮮亮麗，實際上內心已經被欲念瘋狂啃噬的人，根本就配不上這個有貓的有情世界？

這並不是真實的歷史故事，但確實是當時的人們真實心態的投射。貓在中國文人的筆下豔麗、濃郁、妖嬈，史書中記載過這樣的故事：山右富人養了一隻

* 原文出自《酉陽雜俎》。

貓，牠的眼睛是金燦燦的，像琥珀一樣；爪子像青石一般，令老鼠喪膽；頭頂有一點紅色，像如血的殘陽；尾巴漆黑發亮，背毛雪白無比，虎虎生風，貴不可言。很多人都看上了這隻貓，有人拿駿馬跟他換，他不換；有人用家中的嬌妻來換，他更不換；還有人要重金買下這隻貓，這個富人絲毫不為所動。有盜賊聽說他家有一隻千金不換的靈貓，半夜來家裡偷盜，他迫不得已帶著貓出逃。他逃到一個大戶人家，人家還是相中了這隻貓。

不論大戶人家的主人哼哼唧唧、軟磨硬泡也好，言語恐嚇、威逼利誘也好，這個富人始終不為所動。

於是主人使了個詐，既然好言相勸你不願意給我，那你死了貓總能歸我了吧。於是他設宴請富人喝酒，富人正要舉起酒杯，他的貓湊上前去嗅了嗅，一爪子就把酒杯掀翻了。

「小貓淘氣，我再為兄臺斟上一杯便是。」主人清了清嗓子，用寬大的袖子擦拭一下額上的汗珠，再把富人面前的酒杯添滿。誰知道，貓又把酒杯推翻了，酒香四溢。如是三次，山右富人似乎也察覺到了什麼。

山右富人裝作雲淡風輕般施禮離席，然後偷偷地抱著貓，迅速消失在蒼茫的夜色中。一燈如豆，只留下暴怒的主人大發雷霆，氣急敗壞。

原來，那收留他們的主人先前倒的是三杯毒酒，貓察覺到異樣，三次飛身救主。

故事的最後，倉皇出逃的山右富人失足溺水，貓也追隨主人而去。人們為了紀念他們，將人和貓埋在一處。*

原來早在多年以前，我們那洞悉一切的老祖宗就在用這種方式含蓄地提醒我們：善待貓咪，有機會牠們一定會報答你。

---

* 原文出自《貓苑》。

千古謎案：武則天為什麼下令宮中不得養貓

西元六五五年，永徽六年十月，大唐皇宮內風雲詭譎，人心惶惶。武后的一紙禁令擲地有聲：宮中不得畜貓。

此時的武則天剛剛過了而立之年，這也是她成為皇后的第一年。而武則天成為皇后的道路並不平順，她剷除了自己的兩大對手——王皇后和蕭淑妃。

在這場腥風血雨的鬥爭之前，武則天只是一位得寵的昭儀。據《新唐書》記載，武則天先是親手悶死了自己的親生女兒，栽贓陷害這是王皇后所為，之後又稱王皇后和蕭淑妃熱衷巫蠱，心術不正。很快，王皇后二人便被廢為庶人，囚禁別院，最後二人被施以「骨醉」的酷刑，慘死宮中。

王皇后得知自己被廢的消息，並無過多怨言，反而展現出驚人的大度：「死是吾分也！」而在宮鬥中敗下陣來的蕭淑妃對武則天大聲咒罵：「願阿武為老鼠，吾作貓兒，生生扼其喉！」——我死之後，要變成貓，武氏為老鼠，生生世世折磨她。

蕭淑妃最後的狠話被記錄進《舊唐書》中，看來確實是如願以償地嚇到了武則天，讓這位自詡有一顆強大心臟的新任皇后心緒不寧，疑神疑鬼，更是在夢中經常見到兩位對手的鬼魂，史書記載為「披髮瀝血」，死狀可怖。

這就是中國歷史上有名的「武則天畏貓」，從此唐宮中不許養貓，似乎也變得合情合理。

武則天究竟在怕什麼呢？

有人認為，她怕的是「貓鬼」。

而什麼是貓鬼？和歐洲一樣，中國也有關於妖貓的傳聞和故事。而貓鬼就是巫師所養的貓：「貓鬼者，云是老狸野物之類，變為鬼蜮，而依附於人，人畜事之，猶如事蠱以毒害人，其病狀，心腹刺痛，食人腑臟，吐血痢血而死。」

人被貓鬼附身之後就會染病，染病後心腹劇痛，最後吐血而死，而貓鬼殺人之後，最大的神通便是可以正大光明地去轉移死者的錢財。隋唐時期朝廷還接到過地方的訴訟案，有平民報官稱自己的母親突發疾病暴斃，是被貓鬼所害。隋文帝的愛妻獨孤皇后的弟弟獨孤陀就長期侍奉貓鬼，而貓鬼受人驅使，通過令獨孤皇后等人生病的方式，轉移巨額財富到獨孤陀家，後來事情敗露，隋朝的大理寺官員令作法之人將貓鬼趕出皇宮，這才了結了一樁奇案。

而武則天在夢中所看到的那些披髮瀝血的鬼魂，更像是人而不是貓鬼，所以她不太可能是因為害怕貓鬼而禁了宮中所有的貓。

比較能夠說通的理由是，她確實在宮鬥中對王皇后和蕭淑妃施了酷刑，也確實加了一些莫須有的罪名在她們身上，所以良心不安，對蕭淑妃的詛咒更是保持著「寧可信其有，不可信其無」的謹慎態度。

但是《資治通鑒》又記載，到了長壽元年也就是西元六九二年時：

「太后習貓，使與鸚鵡共處，出示百官。傳觀未遍，貓饑，搏鸚鵡食之，太后甚慚。」

武則天訓練貓小有成就，能讓貓和鸚鵡和諧共處，於是便請百官來觀看。觀看還沒有結束，貓餓了，就捉住鸚鵡把牠吃掉了，武則天覺得很尷尬。

此時武則天已經稱帝兩年，距離之前的養貓禁令已經過去了將近四十年之久，從禁貓到訓貓，武則天對貓的心態也發生了微妙的變化。

而另外一種動物鸚鵡則扮演著重要的角色。

武周時期，不少動物的形象往往和政權、宗教相聯繫，鸚鵡是「武」姓的諧音，而不少佛教經典都有明確記載，菩薩曾經是鸚鵡王，所以鸚鵡不僅可以被認為是武則天的化身，還可以進一步被暗示為武則天本人就是佛的化身。武周時期曾多次接收域外進貢的禽鳥，而其中最受青睞的便是五色鸚鵡。鸚鵡不僅聰明能通人性，而且還是很多佛教故事中能普濟眾生的主角：有次山林中起火，鸚鵡為了保護眾生，沾濕自己的羽毛去撲滅山火，是仁愛和善良的化身。

而貓又稱「狸」，「狸」和唐代國姓「李」是諧音，可以代表李唐宗室，所以武則天稱帝之後，馴養貓和鸚鵡一同吃飯、玩耍，就是有意調和武姓女王和原來的李姓王朝的矛盾，意為是既然貓和鸚鵡可以和諧共處，那女王君臨天下也是一件可喜可賀的事情。

雖然有學者認為，武則天的貓既然和鸚鵡有不短的相處時間，那當眾把鸚鵡吃掉的可能性並不是很大。不過這從另一個側面也說明，在政治鬥爭中激蕩多年的武則天已經練就了強大的心理素質，因為詛咒或者是「不祥」就禁止養貓的時代，一去不復返了。此時的唐貓不僅是人類捕獵的工具，還是供宮廷消遣的好玩物。

而從唐到宋，整個社會的風氣即將發生巨大的變化，就如法國學者謝和耐所言，從唐至宋，「一個尚武、好戰、堅固和組織嚴明的社會，已經為另一個活潑、重商、享樂和腐化的社會所取代了。」*

《山海經》說：「又北四十里，曰霍山，其木多穀。有獸焉，其狀如狸，

---

* 圖書《蒙元入侵前夜的中國日常生活》，江蘇人民出版社，1995 年版。

而白尾有鬣，名曰朏朏，養之可以已憂。」朏朏是《山海經》中的寵物，有人說是狸，有人說是貓。

養貓幹嘛呢？中國古人看得很透徹：養之以解憂。

宋朝人吸貓能有多風雅

吸貓，本來是網路時代才出現的新鮮詞，指的是一群人抵擋不住貓咪的可愛，對貓咪摸摸、撓撓，甚至是把牠們抱起來，把鼻子埋進牠們柔軟的絨毛裡使勁嗅一嗅的行為，就像上癮一樣。引申為對貓咪不能自已、無法自拔的喜愛。

吸貓雖然是個現代詞，但是這種上癮般的行為，早在宋朝就已經有了。

二〇〇三年，考古人員在河南省登封市高村發現了一座宋朝壁畫墓葬，在壁畫中一個不太引人注意的角落，考古學家驚喜地發現了一隻貓*。

---

* 期刊文章〈《狸奴小影——試論宋代墓葬壁畫中的貓〉，《美術學報》，2016年，第1期。

這是一個富有平民的墓葬，壁畫中的貓有乳牛狀黑白相間的花紋，脖子上系著紅色帶子，眼睛炯炯有神地盯著前方。*

在宋朝以前的中國墓葬壁畫中，狗、羊、雞等家畜已經開始頻繁出現，但是貓作為墓葬的裝飾圖像是從宋朝開始的。中國古人一直有「視死如生」的喪葬觀，墓葬中的壁畫也是生前生活的一種體現。所以由此可以看出，寵物貓彼時已經深入人心，當時已經有了這樣一支龐大的吸貓大軍，上至達官貴人，下至平民百姓，都沉迷於貓咪的魅力無法自拔。

如果說是五千三百年前陝西泉護村出現了中國祖先馴化家貓的證據，那在八百多年前，沒有一隻貓能逃得過宋朝人的寵愛。

宋朝是一個充滿爭議的時代，有人說宋朝是中國歷史上最好的時代，也有人說宋朝是最差的時代。一方面，官場貪腐，政治汙濁，戰亂頻仍。另一方面，

* 期刊文章〈登封高村壁畫墓清理簡報〉，《中原文物》，2004年，第5期。

經濟較為發達，人們追求精緻生活，呈現出一種衝突感。

而寵物貓的大規模流行，就是宋朝另類精緻的冰山一角。

在宋朝，貓咪是萬金油一般的存在，牠能捕鼠，能看家，能賣萌，還能為老百姓選出真正的明君。

西元一一三二年，膝下無子的宋高宗趙構決定把皇位繼承人早日確定下來。很快，他選出了兩位候選人。這兩個孩子一胖一瘦，胖孩子聰明睿智，瘦孩子儒雅俊秀。宋高宗本來決定把瘦孩子打發回家，留下胖孩子。這個瘦一點的孩子還沒走出宮門，又被人叫了回去，原來是宋高宗還沒下定決心，想再看看他倆。一胖一瘦兩個孩子叉手站好，這時，一隻貓咪從兩位候選人面前經過，那個胖一點的孩子嫌那隻貓過於礙眼，就給了貓一腳，貓「喵嗚」叫了一聲，跳著跑開了。

這本來是個小插曲，但是卻被見微知著的宋高宗看在眼裡——這隻貓咪只是偶然經過，又哪裡礙到你了呢？對貓咪這樣弱小的動物都沒有仁心，日後還怎麼能指望你善待天下蒼生呢？

胖孩子並不會知道當朝皇帝在看到一隻貓咪時有如此豐富的內心戲，他只需要知道的是，就是因為這多踢的一腳，宋高宗對他好感盡失。而那位被貓咪「神助攻」的天選之子，不僅在考察期結束之後順利當上了太子，而且之後登上了皇位，他就是南宋為數不多的明君——孝宗皇帝。*

不得不說，這是一個很戲劇化的橋段，小說都不敢這麼編。但從這則趣事中我們也可以感受到，宋朝皇宮裡的貓可不算少。

貓咪如此多嬌，引無數英雄競折腰。很多人愛貓成癡，連皇宮裡的帝王天子也不能免俗。

在沒有網路的宋朝，如果沒錢買貓，又想吸貓，就只能看貓畫了。宋朝有一位以一己之力帶動全民看貓畫的人，就是宋徽宗。宋徽宗是一個失敗的皇帝，卻是一個成功的「文藝帶貨網紅」。但凡是打著「宋徽宗周邊」、「宋徽宗力薦」

---

* 原文出自《貓苑》。

的文創產品，都是民眾追捧的熱門商品。

天天給貓畫像的宋徽宗，尤其擅長畫「貓蝶圖」。因為「耄耋」和「貓蝶」諧音，有祈願人健康長壽的寓意，所以一時間洛陽紙貴。宋徽宗的真跡當然不易得手，不過自從宋徽宗憑藉一己之力把「貓蝶圖」宣傳出去之後，民間的仿作層出不窮，花樣翻新。因為不是出自正主之手，所以價格也不貴。因此，「貓蝶圖」就憑藉雅俗共賞的特質，躍居宋朝暢銷商品第一名，是走親訪友送禮首選，尤其是對於囊中羞澀又想要吸貓的人來說，這更是一種最低成本的吸貓方式。

宋朝貴族生活精緻，吸貓也追求完美。精緻生活的表現之一就是信奉「無用之用，方為大用」。在宋朝的時候，人們已經開始思考貓的社會學意義，有了對「寵物貓」的初步認知。

早期，中國古人區分貓的方式比較簡單粗暴，基本上就分為抓老鼠的貓和不能抓老鼠的貓。不能抓老鼠的貓就相當於現代的寵物貓，抓不抓得到老鼠無所謂，好看好吸就行。宋朝人不僅吸國產貓，還吸進口貓，主要是獅貓——有人說獅貓就是外國的波斯貓，也有人說獅貓是本土貓和波斯貓雜交的後代。總之，獅貓不同於常見的短毛狸花貓，這種貓長毛拖地，貴氣逼人。而宋徽宗貓畫中的貓，基本上都是稀有的長毛貓。

南宋貓奴陸游在他的《老學庵筆記》裡面記載了這樣一件事。秦檜的孫女崇國夫人養了一隻臨清獅子貓，毛長，眼睛大，不是很善於捕鼠，但是沒關係，牠主要勝在顏值高。

有一天，崇國夫人發現每天都纏在自己身邊的貓居然不見了，她急得差點昏過去。

那怎麼辦？找啊！

崇國夫人名字聽起來老氣，但在當時年紀並不大。她命人在府裡面搜查，一無所獲，再滿城張貼告示，卻石沉大海。崇國夫人又急又氣，讓人在城內找，只要是獅貓都要找出來，逐一排查！

找了一個多月，甚至讓她爺爺秦檜動用了京城禁軍，把臨安城攪擾得天翻地覆，民眾苦不堪言*。

崇國夫人最後找到她的貓了嗎？看陸游的口氣，自然是沒有找到。雖然同樣身為貓奴，但是陸游字裡行間對崇國夫人充滿了鄙夷——這個世界上太多人在假裝愛貓了。

經過這一番折騰，一時間，臨安貓貴。

宋朝人愛貓，因此極怕丟貓。但偏偏宋朝有一種可惡的職業——偷貓大盜。這種職業並不光彩，但是賺錢快、風險小，所以深受臨安城內無業遊民的青睞。他們偷貓的主要目的就是將其高價賣給富人。

在臨安城的富人居住區，有一個衣著普通的人在巷弄口來回轉悠。他又來偷貓了。

他看上了一隻長毛獅貓，毛色黃白相間，貴氣逼人。偷貓多年，他已經有

---

* 原文出自《老學庵筆記》。

了一種雷達，一眼就能看出哪些貓好出手，今天他看上的這種獅貓是達官貴人的心頭愛*，如果能夠倒手賣出去，一定能賣個好價錢。

和一般竊賊不同，宋朝的偷貓賊一般選擇在白天行動，因為當時城中房屋院牆不高，貓又喜歡白天在外面溜達，所以非常好捕獲。

偷貓大盜有一身經典的裝扮，就是無論他們衣著如何，是毫不起眼還是衣冠楚楚，他們都會帶一個裝著水的桶。

這天，他如願以償地得手了一隻獅貓，但是問題來了，貓的警覺性很強，被陌生人觸碰侵犯之後，一般都會發出淒厲的叫聲。

他嫻熟地將貓放進桶中，在貓發出叫聲之前迅速把桶中的水澆在牠身上。宋朝偷貓人已經對貓的生活習性很瞭解，因為貓愛乾淨，所以身上被弄濕了之後，就會不斷用舌頭去舔，不舔乾淨不罷休，自然就顧不上大聲呼叫。

於是，一隻名貴的貓就這樣神不知鬼不覺地被盜走了**。

---

* 原文出自《夢粱錄》。
** 原文出自《桯史》。

宋臨安（今浙江省杭州市）的長毛貓和偷貓大盜

我與狸奴不出門：沒有一隻貓能逃得過宋朝文人的寵愛

說到宋朝的吸貓大軍，必須提到宋朝的文人。別看這些人表面上莊重自持，實際上他們回到家之後就開始吸貓。不僅吸貓，而且還寫詩。如果宋朝文人有社交軟體的話，他們一定是天天發文曬貓的那種人。

「高眠永日長相對，更約冬裘共足溫。」*在那個沒有暖氣的年代，這個宋朝貓奴養了一隻貓，冬天的時候貓咪經常鑽到被窩裡和他一同入眠，讓他感覺很溫馨。這首詩的作者並不是一個普通的文人，他官至北宋宰相，名叫張商英。

宰相都帶頭吸貓了，可見貓在傳統文人心目中的地位如何。蘇軾也寫過關於貓的詩，詩中全說些貓有關的大實話：「得穀鵝初飽，亡貓鼠益豐。」貓少了，

---

* 原文出自《貓》。

老鼠自然就多了。

蘇軾是黃庭堅的老師。黃庭堅在書法上位列「宋四家」之一，在詩歌上開創了江西詩派，作詞水準也是一流，和知名詩人秦觀並稱「秦七黃九」。從仕途上來講，黃庭堅屬於高開低走，一直是人在「貶途」，官運慘澹。但從才華上來講，他是大宋頂級文藝青年，而且還是宋朝養貓屆「以領養代替購買」的先鋒人物——黃庭堅的貓不是買來的，而是換來的。那在宋朝買一隻貓是不是很困難？有人的地方就有生意，宋朝龐大的吸貓人群，已經催生了中國最早的寵物市場。

據史料記載，北宋都城汴梁的寵物市場中有專門賣貓的貓舍*，而且生意相當好。南宋臨安城內不僅有貓舍，貓奴們還可以買到貓糧、貓魚等用品**，還有專門的貓咪美容美髮店。不差錢的人家可以去找人給自家的貓美容，換個毛色，

* 原文出自《東京夢華錄》。

** 原文出自《武林舊事》。

換個心情——雖然給貓改色之類的美容不值得提倡，但我們不能拿現代的眼光去苛責古人，這也從一個側面說明當時貓主子的生活已經相當優厚。不僅如此，如果你長時間出門，貓咪無人看管，還可以享受寵物寄養服務，有專人負責貓咪飲食，還能幫忙擼貓，防止貓咪過於思念主人，精神抑鬱*。

可見在宋朝買隻貓不算難事。但是黃庭堅給我們做了一個很好的示範，他領養貓，而且還用親身經歷告訴我們，在宋朝領養貓是需要門檻的。這個門檻不完全關乎金錢，最重要的是一顆紅彤彤的誠心。老貓去世後，黃庭堅聽說友人家的貓生小貓了，就用柳枝串著小魚乾去接貓，這叫作「聘貓」**。聘貓和今天的領養貓有異曲同工之妙，小魚乾或許並不值多少錢，主要是為了杜絕壞人；同時，原主人看到新主人有養貓的誠意，小狸奴的後半生有吃有喝有人愛，也就放心了。

---

* 原文出自《東京夢華錄》。

** 原文出自《乞貓》。

蘇軾的另外一個弟子曾幾也是貓奴。曾幾是陸游的老師，陸游的爺爺陸佃也是貓奴，而且屬於吸貓吸出學問來的那種貓奴。陸佃寫了一本書，名叫《埤雅》。在這本書裡，他提到了「貓」這個字的來歷，為什麼叫「貓」呢？「貓」這個字從「苗」，意思是貓就是為了守護人類的糧食而生的*。

宋朝文人的風雅愛好很多，怎麼挑一隻好貓也有講究。陸佃就說了，貓的顏色挺多，有薑黃色的橘貓，有黑貓、白貓，還有狸花貓。選貓不能只看花色，真正懂行的人要會看品相。毛髮要柔軟，但牙齒要鋒利，腰要長，尾巴要短。**

有如此家學淵源，宋朝最有名的文人貓奴誕生了，就是陸游。

我們都知道陸游是個愛國詩人，但很少人知道他也是個愛貓詩人。陸游那

* 原文出自《埤雅》。

** 原文出自《埤雅》。

首著名的《十一月四日風雨大作》，詩曰：「僵臥孤村不自哀，尚思為國戍輪臺。夜闌臥聽風吹雨，鐵馬冰河入夢來。」但我們可能沒留意到的是，《十一月四日風雨大作》是組詩，前面是「其二」，還有一首「其一」：

風卷江湖雨暗村，四山聲作海濤翻。
溪柴火軟蠻氈暖，我與狸奴不出門。

在風雨交加、雷電大作的一天，文思如泉湧的大詩人陸游一邊吸貓，一邊寫下千古名篇——一副殘軀，滿腹經綸，卻報國無門。怎麼辦呢？宅著吸貓吧。

和很多宋朝普通人一樣，陸游開始養貓的時候，也只有一個功利的目的，就是幫他捉老鼠。他的藏書很多，老鼠經常來搗亂，被鼠患逼得走投無路的陸游，決定養一隻貓。

和用柳枝串小魚乾的黃庭堅不同，陸游是用鹽來做聘禮*，因為在吳音當中，

---

* 原文出自《贈貓》。

「鹽」和「緣」發音相近，寓意也很吉利。他給請回來的這隻小貓起了一個很霸氣的名字，叫小於菟，就是小老虎的意思。小老虎也很爭氣，書房裡裡外外的老鼠很快就被牠捉了個一乾二淨。陸游很高興，怎麼誇誇自己能幹的小貓咪呢？於是他寫了一首詩來讚美牠：

鹽裹聘狸奴，常看戲座隅。時時醉薄荷，夜夜占氍毹。
鼠穴功方列，魚餐賞豈無。仍當立名字，喚作小於菟。

初次當「鏟屎官」的陸游，對貓的理解還停留在「能捕鼠」這個表面的技能點上。

隨後陸游又養了好幾隻貓，他慢慢發現，原來並不是所有的貓都為捕鼠操碎了心，這世界上還有另外一種貓，就是壓根不捕鼠的貓*。不僅如此，還有既

---

* 原文出自《嘲畜貓》。

不捕鼠，還能每天睡得昏天黑地、心安理得的貓*。對自己愛答不理就罷了，摸一下總可以吧，可惜這請回來的主子既不戀家，也不黏人，讓陸游挫敗了好長時間**。為了引起貓的注意，陸游還給貓一點貓薄荷，發現貓主子確實很喜歡，吸完貓薄荷之後就占著他的床睡覺去了***。文人吸貓上癮，貓吸貓薄荷上癮。

貓就是這樣，吃你的，住你的，用你的，但是還不聽你的。

多麼痛的領悟。

那怎麼辦呢？像一部分現代人那樣，一言不合就把高冷的貓掃地出門嗎？陸游並沒有。

「勿生孤寂念，道伴大狸奴」，八百多年前那個淒風苦雨之夜，陸游懷裡一定有一隻沉甸甸的大貓。

---

* 原文出自《二感》。

** 原文出自《贈貓》。

*** 原文出自《得貓於近村以雪兒名之戲為作詩》。

「一日吸貓，終身成癮」，養貓多年之後，陸游甚至開始患得患失起來。被貶官之後，陸游買不起可口的貓糧，也買不起小魚乾，他心急如焚，整天擔心貓咪會離家出走。怎麼辦呢？只好寫詩乞求上天，希望貓主子不要嫌棄家貧，不要棄他而去。

陸游對貓很溫柔，但他本人很熱血。表面上看陸游是在吸貓，其實他心裡充滿了對國家前途命運的憂愁，他一直有個殺敵報國的夢。在宋金問題上，陸游是主戰派。而他屢次被貶的重要原因就是主張跟金國打仗，皇帝給他扣了個挑唆戰爭、破壞和平的帽子，把他打發走了。陸游有點像南宋的唐吉訶德，明知不可為而為之。他內心世界的苦，梁啟超先生看得透徹：「恨殺南朝道學盛，縛將奇士作詩人。」

崇文抑武的南宋，把陸游這樣一個熱血男兒活生生逼成了閉門不出的詩人。這是陸游的悲哀，也是南宋的悲哀。

陸游的愛國情懷還在延續。他的後代陸秀夫，在崖山海戰中背負年幼的皇帝跳海自盡，南宋滅亡。他避免了皇帝被俘的奇恥大辱，保存了南宋的最後一點顏面。陸秀夫本人因為孤膽忠義被記載在《宋史》中。*

作為中國歷史上最高產的詩人之一，陸游留下了幾千首詩作，其中貓詩的數量非常可觀。

其實陸游開始養貓的時間比較晚，史料研究普遍認為應該在中年以後。但是陸游高壽，他創作的貓詩總數能在宋朝文人中拔得頭籌。從四十多歲開始養貓到八十多歲去世，陸游和貓相知相伴了近半個世紀的時間。有資料顯示，漢朝人平均壽命為二十二歲，唐朝人平均壽命為二十七歲，即便是在富足繁榮的宋朝，人均壽命也只有三十歲。

或許長壽老人陸游可以悄悄告訴我們他的長壽祕祕訣：要想活到九十九，每天吸貓一大口。

---

* 原文出自《宋史》。

北宋汴梁（今河南省開封市）繁華的寵物市場

大明皇帝：我見過的人越多，越喜歡貓

一五六〇年，明朝第十一位皇帝嘉靖朱厚熜深愛的「霜眉」死了。

這位早已過了天命之年的老皇帝悲痛欲絕，下令厚葬「霜眉」。這一天，紫禁城內烏雲密布，烏鴉低飛，魂幡飛揚，哀聲不絕，空氣中彌散著悲傷又詭異的氣息。

朝廷重臣們長跪不起，直言進諫說不必如此厚葬「霜眉」，而皇帝身邊的太監小心翼翼地觀察著皇帝的臉色，同時指揮那些聲稱能夠通靈的道士，讓他們將超度「霜眉」的咒語念得響亮些，再響亮些。

嘉靖皇帝昏花的兩眼直泛淚，他強忍著不讓眼淚掉下來，他斜睨了一眼呼天喊地的大臣——當了皇帝這麼多年，什麼樣的「人精」他沒見過，他偏不聽。不僅不聽，他還冷冷地吐出幾個字：「朕要金棺葬貓。」

不對，你沒聽錯，這死去的「霜眉」並不是皇帝身邊鞍前馬後的忠臣，也不

是和皇帝心心相印的愛妃，而是一隻貓。

明朝的宮中養貓到了登峰造極的地步，而且有專門養貓的機構，叫作貓兒房。最多的時候有三、四十個太監一起幫皇上養貓，帶薪擼貓，這是不少愛貓人夢寐以求的事。「霜眉」這隻貓就是貓兒房給皇帝挑選的。

其實明朝的宮中養貓，並不是為了讓其陪伴或治癒皇帝，一開始的用意是讓皇子們跟著貓咪學習男女之事，以便日後為大明延續香火*。

皇子們喜不喜歡貓，這不是關鍵，關鍵在於，皇帝是貓奴。

嘉靖皇帝信奉道教，癡迷於神仙方術。作為一個偶然得到皇位的人，他對命運的不確定性有著更深的體悟，因此他希望在道教思想中找到自己承繼大統、成為真龍天子的隱祕緣由。皇帝這個級別的信徒，並不僅僅是讀讀《道德經》或拜拜太上老君這麼簡單。嘉靖皇帝主要的修煉方式有兩種，一種是煉丹，另外

---

* 原文出自《禁御祕聞》。

一種就是齋醮。煉丹是為了長生不老、得道升仙，而齋醮的目的則是求神問卜，與上天溝通。

中國電視劇《大明王朝一五六六》用戲劇化的手法鋪陳了嘉靖皇帝對於煉丹有多麼狂熱，他甚至把煉丹的實驗室搬到了自己的臥室裡，經常和「有道高人」切磋煉丹心得，改進丹藥配方。

嘉靖二十一年，嘉靖皇帝要煉丹了。這次的配方非比尋常，他需要少女的經血。

「你，你，還有你，」嘉靖皇帝點了幾個人，「朕給你們個機會。」

這幾位長期受壓榨的宮女不堪忍受，商量了一下，決定趁著月黑風高，把嘉靖皇帝這個剝奪人健康和尊嚴的皇帝給勒死。結果因為她們沒有經驗，再加上嘉靖皇帝「福大命大」，最終嘉靖皇帝死裡逃生*。

* 原文出自《明史》。

明朝嘉靖皇帝朱厚熜下令金棺葬貓

「我見過的人越多，越喜歡貓。」

這是嘉靖皇帝的心聲。和人相處太危險，爾虞我詐，勾心鬥角，唯有霜眉才是溫暖無害的存在。霜眉和嘉靖皇帝生活了一段時間之後，牠完全適應了皇帝的作息。嘉靖皇帝伏案工作的時候，牠就在一旁靜靜地臥著；就寢的時候則不離左右；當皇帝起身或出門，牠就在前面當嚮導。和所有的帝王一樣，嘉靖皇帝疑心很重，最開始他覺得霜眉的乖巧可人很不尋常：世人都說貓的性情難以揣測，怎麼可能有忠心耿耿的貓？可是時間一長，皇帝從霜眉那裡看到了人間稀有的品質——忠義。

如此乖巧忠誠的霜眉去世，讓嘉靖皇帝悲傷不已。霜眉金棺下葬那天，皇城內魂幡飛揚，哀聲不絕，一大隊人馬護送著霜眉的棺材，長途跋涉了好幾個小時，終於來到了嘉靖皇帝為霜眉指定的風水寶地——萬壽山。嘉靖皇帝還賜給霜眉的墳墓一個貴不可言的名字——虯龍塚。一代名貓長眠於此，生前錦衣玉食，死後榮華富貴，為自己的貓生畫上了一個圓滿的句號。*

不過，在悲痛欲絕的嘉靖皇帝心中，這件事還遠遠沒有結束。他不僅要厚葬霜眉，還要歌頌霜眉，讓這一人一貓之間的情誼永久流傳。於是他下令舉辦一場別開生面的作文大賽，文體不限，字數不限，主題只有一個，就是為霜眉「薦度超生」**，大臣們有點犯愁，歌頌名士倒是人人拿手，但是以動物為主題還真是有點不太熟。有一位叫袁煒的大臣大筆一揮，寫道，霜眉是去了更好的地方，陛下不要太傷心，因為牠已經「化獅為龍」了！

在眾多平庸的悼文中，這句「化獅為龍」讓皇帝眼前一亮，霜眉就像小獅子一樣高貴，像龍一樣變幻莫測，說得太好了，升官！袁煒曾經無數次設想過自己升職的場景，他從不遲到早退，也不結黨營私，兢兢業業地給朝廷做事，卻一

---

* 原文出自《日下舊聞》。

** 報紙文章〈明代「貓奴」皇帝很奇葩〉，《中國藝術報》，2018年1月5日，第8版。

直是個小小的禮部學士。無數前人的例子表明，升官之人要麼靠學問，要麼靠人脈，要麼靠混日子拼資歷。他做夢也沒想到，就因為「化獅為龍」這四個字，他直升吏部侍郎，再火速入了內閣，和宰相平起平坐，這火箭般的晉升速度，前無古人，後無來者。

而所有的好運氣，都是因為一隻貓。

在明朝官方養貓機構貓兒房中還有十二隻貓，牠們也是大明皇帝的心頭愛。天下貓奴是一家，即便是明朝皇帝也不能免俗，他總想給自家主子吃點好的。嘉靖皇帝的御貓每天吃的伙食確實很不錯。如果嘉靖皇帝穿越到現代，他一定是在購物車裡塞滿貓罐頭的那種人。

堅持吸貓、堅持不上朝的嘉靖皇帝在六十歲的時候去世了。朱厚熜並不算一個長壽的皇帝，不過跟歷史上所有熱愛煉丹和服用丹藥的「同行」相比，他算活得挺久了。吸貓能延年益壽，誠不我欺。

在大明朝，誇貓能升官這種奇事，還有先例。明仁宗皇帝朱高熾也是一位貓奴。

明朝嘉靖皇帝朱厚熜和愛貓「霜眉」

作為明朝第四位皇帝，明成祖朱棣的長子，明仁宗在繼位之前的存在感並不是很強。中國皇帝的平均壽命為四十歲，可是明仁宗在四十七歲的時候才登基，算是高齡皇帝。

他體型肥胖，但是為人忠厚，不管是在朝廷眾臣還是普通軍兵那裡，他的「路人緣」不錯。雖說後宮佳麗三千，日日吃的都是珍饈美味，但明仁宗還是有個樸素的小愛好：畫貓。

宮中珍奇異獸眾多，為什麼貓能獨得皇帝的恩寵？一方面，自然是貓很可愛，憨態可掬；另一方面，明仁宗當上皇帝的時候已經直奔天命之年而去，貓這種吃了睡、睡了吃的生活習慣，剛好和他慢節奏的心態契合。

他喜歡貓，而且喜歡畫貓，這種低成本的消遣方式很符合明仁宗給自己定的人設——憨厚老實、不作妖。有一次，明仁宗處理完朝廷政事，匆匆吃完了御膳房提供的工作餐之後，便來到花園中散步，園中的小貓引起了他的注意。明仁宗命人筆墨紙硯伺候，一口氣足足畫了七隻形態各異的小貓，並且令內閣輔臣楊士奇撰寫跋文。

對於在仕途上有野心的人來說，皇帝無意間給的任何一個表現機會，都有可能成為他升官的理由，楊士奇當然明白這一點。皇帝畫的是貓嗎？皇帝畫的是他自己啊！皇帝喜歡貓是不務正業嗎？當然不是，那是以貓作為隱喻，對老鼠之類的黑惡勢力疾惡如仇啊！楊士奇先誇貓是「靜者蓄威、動者禦變」，再誇貓是「樂我皇道、牙爪是司」，表面上寫小貓咪能動亦能靜，實際上是在稱讚明仁宗疾惡如仇、治國有方。

憑藉著對貓主子的誇讚，楊士奇平步青雲，當官四十餘年，先後輔佐三位皇帝，深受器重。這位超長待機的政治家，應該會感謝貓咪的助攻之恩吧。

朱厚熜的孫子，大名鼎鼎的萬曆皇帝朱翊鈞也是一位資深貓奴。

「紅罽無塵白晝長，丫頭日日待君王。」這裡夜夜陪伴皇帝的「丫頭」不是某位姿色豔麗的宮娥，而是對萬曆年間宮中小母貓的特定稱呼*。又是一個沒有貓暖床就睡不著覺的貓奴。

萬曆皇帝自從重臣張居正去世之後，無心過問政事，堅持三十年不上朝，每天沉迷於吸貓的快樂中。跟獨寵霜眉的爺爺相比，萬曆皇帝就博愛許多，他養了很多貓。宮中的貓一度多到什麼程度呢？就是皇子皇女在宮中遊玩時，追打嬉戲的貓經常會把這些嬌生慣養的孩子嚇得不輕，甚至有皇子皇女精神受到了刺激，從此「驚搐成疾」**，落下終身的病根。

不過萬曆皇帝並不是很在乎貓的負面影響，他連上班打卡都不去，更別說嚇到人了。「我見過的人越多，越喜歡貓」，嘉靖皇帝的牢騷似乎仍在他耳邊響起。萬曆皇帝不僅養貓，他還有個巨大的動物園，叫作豹房，裡面有各種各樣的

---

* 原文出自《萬曆野獲編》。

** 原文出自《萬曆野獲編》。

珍禽異獸，包括老虎、豹子之類的大型貓科動物。萬曆皇帝乾脆從乾清宮搬了出來，在豹房旁邊建了個偏殿*。他經常住在這個偏殿裡，因為這裡方便他吸貓——大貓、中貓、小貓，反正都是貓。

皇帝愛貓，這也影響了當時的藝術創作，萬曆年間的官窯就有不少以貓為素材的周邊作品，二〇一六年香港秋拍的拍品——明萬曆五彩群貓圖花棱形蓋盒拍出了七百九十萬港幣的高價。這個只有十五公分高的小盒子，上面卻畫了不少貓，個個珠圓玉潤，無憂無慮。

漢唐之際，貓在中國歷史上一度被作為奸詐的象徵，有「狗是忠臣，貓是奸臣」這樣的說法。武則天甚至一度下令，宮中不得養貓。

在大明王朝幾任皇帝不遺餘力的帶動下，貓在中國人心目中的形象也來了個驚天逆轉，牠摘下了「奸臣」的帽子，轉而象徵了始終如一的忠義，還帶有些許悲情色彩。

---

* 期刊文章〈明代皇帝宮廷娛樂特徵述論〉，《徐州工程學院學報》，2016年，第5期。

萬曆年間，福建有一個叫崔子鎮的人養了一隻黑貓。這隻黑貓是崔子鎮的寵物，叫作黑兒。每天晚上黑兒會跳到崔子鎮的床上睡覺，他出門的時候黑兒會把他送到門外。每次崔子鎮回家，人還沒進門，黑兒就會遠遠地跳出去迎接他。黑兒的耳朵總是很靈。後來，崔子鎮去世，下葬那天，家人帶著黑兒去見這個老人最後一面，安慰黑兒說不要傷心，人生如同彩雲，聚散終有時。崔子鎮去世之後，黑兒失去了往日的活潑，不愛吃飯，夜裡總是失魂落魄地遊蕩，對著空氣喵喵叫。崔子鎮下葬之後不久，家人在他的棺木下發現了一具小小的屍體，那是黑兒，牠也隨「鏟屎官」而去了。

後來，崔子鎮的兒子偶遇了詩人宋玨，就把父親和貓的故事講給他聽。聽聞了這件事情之後，宋玨深受感動，便作了一篇《黑兒像贊》，記錄了黑兒的忠肝義膽。《黑兒像贊》保留至今，現在還可以看到。

貓給人留下的動人故事，令人唏噓不已。

超強吸貓乾隆皇帝：我有錢，更有貓

一四二六年，明朝第五位皇帝明宣宗朱瞻基在素有吸貓傳統的明代皇宮中，完成了自己的繪畫作品——《花下狸奴圖》，他鄭重地落了個「宣德丙午制」款，一幅傳世名作就這樣大功告成了。

和他的父親仁宗皇帝一樣，朱瞻基也喜歡貓。而且，這幅畫充分體現了宋明時期的宮廷審美，兩隻活潑可愛的小貓在湖石、菊花叢中嬉戲。朱瞻基先勾線、填染底色，再以細毫勾染斑紋和毛色，在他高超的筆力下，畫中貓咪身上的毛，都像被放大了一般，讓人看得清清楚楚。

在那個沒有照相機和手機的時代，能這樣形神兼備，這樣高度還原帝王吸貓現場，朱瞻基可謂是畫貓屆的「靈魂畫手」。

三百多年後，朱瞻基這幅得意之作落到了另外一位貓奴皇帝手中，那就是乾隆皇帝。

經過現代人的數次演繹和改編，多次被搬上大銀幕的乾隆皇帝已然成為國人心目中的「明星」皇帝。一千個讀者心中有一千個哈姆雷特，一千個中國人心中就有一千個面目迥異的乾隆皇帝。作為一個公務纏身的皇帝，他卻喜歡在煙花三月的時候到江南打卡「網紅」餐廳；普通人休閒的時候睡覺，乾隆皇帝最愛的休閒活動之一就是點評前人的作品，比如剛剛提到的朱瞻基的《花下狸奴圖》。

乾隆皇帝看著這幅畫，感慨萬千，貓是很可愛，可是貓背對著畫中的菊花和湖石是什麼意思呢？菊花和湖石在國畫中有很深的隱喻，多是代表著直言進諫的忠臣。而這畫裡惹人憐愛的小貓咪，乾隆皇帝認為其代表的就是明宣宗本人了。腦補了一下朱瞻基當皇帝時進退兩難、鬱鬱不得志的場景，他也不由得心疼這位時運不濟的大明皇帝一分鐘——明君難當，說多了都是淚。

於是乾隆皇帝現身評論區，在朱瞻基的真跡上親筆題識：「分明寓意於其間，而乃陳郭拒讜言。責人則易責己難，復議此者那能刪。」

這句話是什麼意思呢？

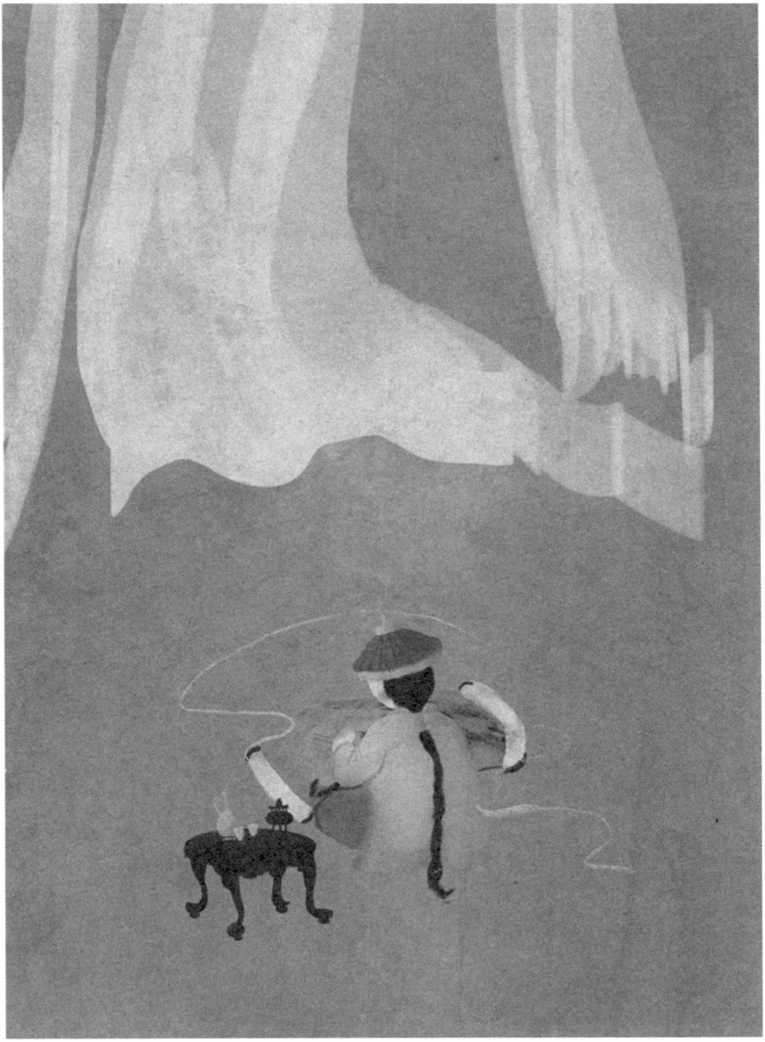

乾隆皇帝點評貓奴皇帝明宣宗朱瞻基的《花下狸奴圖》

乾隆皇帝對做皇帝這件事情想得很明白：「忠臣是好，說的話是真對，但有些話從他們嘴裡說出來真是十分傷人，扎心得很。但是，當皇帝哪有那麼多矯情的小想法呢？一切都要從江山社稷出發來考慮問題，忠臣說話是難聽點，但是根據我多年的治理經驗，他們往往是話糙理不糙，沒有他們，哪來這江山穩固、朗朗乾坤？」

最後，他還不忘「啪」地一下蓋上「乾隆御覽之寶」印，以示這幅畫不錯，於朕心有戚戚焉。

這方「乾隆御覽之寶」印和乾隆皇帝顯赫的身分很配，因為牠的邊長足足有十一點七公分，普通人的手掌難以一握。

乾隆皇帝不僅喜歡點評書畫，還喜歡點評歷代名詩。作為一個日理萬機的皇帝，他在批閱奏章、敦促政治、管教皇子、戎裝打獵、接見外賓、寵幸後宮、處理宮鬥糾紛等紛繁複雜的事務中間，還會見縫插針地寫詩——如果放到現在，乾隆皇帝一定是個時間管理大師。

前文提到陸游是個長壽且高產的愛貓詩人，一生留下來的詩作有近萬首，這還不包括沒有留存下來的。乾隆皇帝也是一言不合就寫詩，一生創作了四萬餘首詩，幾乎作為「全職作家」的陸游，一生的創作數量還不到乾隆皇帝這個業餘愛好者的五分之一。而乾隆皇帝的本職工作是當皇帝，所以對於他的業餘愛好，我們不能太過於苛求。在四萬餘首詩作中，只有一首是正式入選中國小學語文課本的，讓我們一起來欣賞一下：

飛雪

一片一片又一片，
兩片三片四五片。
六片七片八九片，
飛入蘆花都不見。

而據說入選的原因是，淺顯易懂，比較適合小學生練習音韻和識字。同樣作為勤奮又高產的詩人，乾隆皇帝對於陸游的評價很高：「宋自南渡以後，必以陸游為冠。」*

於是，貓奴陸游終於熬成南宋詩王，位列南宋四大家之一。

乾隆皇帝喜歡給歷代文物蓋印這件事情，已經不止一次被現代網友吐槽了。最開始乾隆皇帝給書畫蓋印，心思還很單純。在當皇帝第九年的時候，他主持了一項大型書畫整理工作，主要的整理範圍就是前朝宮廷字畫還有歷代名家墨寶，而蓋印是最直觀的一種分類方式。萬萬沒想到，皇帝竟從蓋印這個機械枯燥的動作當中找到了樂趣，從此一發不可收拾。

「辣手摧花」，沒有一幅精緻的字畫能乾乾淨淨地逃出乾隆皇帝的印章。東晉王羲之的《快雪時晴帖》是乾隆皇帝的心頭愛，這幅書聖的墨寶本來只有二十八個字，長寬均不超過二十五公分，在乾隆皇帝噴薄的情感關照下，它

* 圖書《御選唐宋詩醇・陸游卷》，商務印書館，2019 年版。

總共被題識了七十一次，蓋了一百七十二枚章，長度也被拉長到五百五十公分。要知道，據不完全統計，乾隆皇帝在位六十年，總共擁有一千多方印章，平均每半個月就要入手一枚新印章。而他常用的有五百多個，果然是大戶人家，比精緻女孩的口紅色號還要多。

在那個沒有評論區也沒有彈幕的時代，乾隆皇帝這位「文物殺手」就用「題識和蓋印」的雙重暴擊，來表達自己的精緻品位。值得一提的是，在屢次被恩寵之後，《快雪時晴帖》變得幾乎沒有能下手寫字和蓋印的地方，所以乾隆皇帝獨闢蹊徑，在兩頁紙的銜接處寫了一個大大的「神」字，這才甘休。

難逃乾隆皇帝精緻品位「魔掌」的，不僅僅有歷代名家墨寶，還有瓷器。

和前朝宮廷瓷器相比，乾隆時期造的瓷器因為過於繁複，經常被吐槽為「農家樂審美」。畢竟康熙和雍正時期，都是欣賞「Less is more」（少即是多）的。

乾隆時期燒制的乾隆瓷母瓶（也叫各種釉彩大瓶）是這種「農家樂審美」的集大成者，在同一個瓷瓶上使用了多達十五層釉彩，同時也代表大清匠人的頂級水準。

而就是這個無法形容的大瓷瓶，讓乾隆皇帝的審美再次被廣大人民群眾集體嘲笑了一番。但實際上，這個工藝繁複的大瓷瓶，是一個國家層面的瓷器作品，就像有的學者說的那樣，乾隆皇帝的品位可能看起來是高調的庸俗，但他是站在國家角度在「炫技」，以此宣告，這就是朕的江山，這就是欣欣向榮的華夏盛世！

皇帝本人是不是真的喜歡這些花花綠綠的大瓷瓶，真不知道「Less is more」的審美真諦呢？顯然不是。

臺北故宮博物院曾經舉辦過一個展覽，展示出了乾隆時期的一本宮廷畫冊。乾隆皇帝選出自己最喜歡的瓷器，讓畫師給每一幅瓷器都畫一幅肖像畫。我們發現，在這本手繪畫冊中，無一例外都是清新淡雅的單色瓷器，別說花花綠綠的「農家樂」大瓷瓶，連簡約素雅的青花瓷都極為少見。

如果說這本畫冊裡的瓷器都是皇帝心中的珍寶，那汝瓷，就是其中最璀璨的那顆明珠。

一七四四年，義大利使者給乾隆皇帝進貢了一隻大貓，是一隻罕見的藪貓。這隻貓身形健美，體格苗條，耳朵大得像兔子，紅棕色的皮毛閃耀著鎏金般的光芒，身上的條紋斑點更顯現出牠的尊貴。

雖然沒能親眼看見牠在非洲大草原上馳騁，但這極度類似小型獵豹的身形，讓乾隆皇帝心醉沉迷。

身邊的近臣並不同意皇帝和一隻看起來野性未除的大貓如此親密，畢竟乾隆皇帝的龍體關乎著國家社稷，於是他們紛紛進諫說：「皇上，這藪貓性格剛猛，不可常伴君側！」

乾隆皇帝瞥了這些大臣一眼，不為所動。要知道，作為一個土生土長的北方漢子，在他還是皇子的時候，就跟著皇阿瑪穿梭密林，用火槍打獵，包括老虎在內的不少猛獸曾經因此殞命。他連大型貓科動物都不怕，更何況是這體格中等的藪貓？

此時正是乾隆十年，出生於一七一一年九月二十五日的乾隆皇帝，剛過了而立之年。

四海八荒內的珍禽異獸乾隆皇帝見過很多，宮中的寵物貓也不止一隻，唯獨這藪貓讓他覺得新鮮。我們現在已經無從知道，這隻大貓的性格是什麼樣的，是經過人工馴養變得溫和親人，還是完完全全來自野外，高冷強悍？

可以肯定的是，乾隆皇帝對這隻大貓寵愛有加。

作為一個典型的天秤座，他對一切都充滿著好奇心，據他觀察，這大貓跟一般貓咪也差不多，白天絕大部分時間都在睡覺，醒了之後就開始到處找吃的。為了好好安頓這來之不易的貓主子，他讓宮中給藪貓安排一個貓食盆，也就是裝貓糧的碗。

那究竟什麼樣的碗才能配得上藪貓高貴冷豔的氣質呢？

乾隆皇帝對太監安排的貓食盆並不滿意，他親自指定了一件汝窯名器。鼎鼎大名的汝窯，是宋朝五大名窯之一。因為在燒制過程中加入瑪瑙作為原材料，所以釉色呈現出天青色，釉面溫潤如玉，堪稱「人間絕色」。宋徽宗雖然做皇帝不行，但是審美很高級，他大加讚賞汝窯瓷器的天青色，形容它如同雨霽初晴後的天空般美麗。在宋徽宗的推崇下，汝窯一度成為五大名窯之首，風頭無兩。但是汝窯燒造時間短，所以傳世的真品並不多，這更讓汝窯瓷器身價倍增。

識貨的乾隆皇帝也是汝窯的忠實粉絲，在清宮內府中，珍藏著他不遺餘力搜集來的汝窯珍寶。即便如此，汝窯真品的數量仍然少得可憐，雍正七年（西元一七二九年），統計者將整個皇宮裡裡外外翻了個底朝天，也只找出三十一件汝瓷瓷器。

乾隆皇帝當然知道汝瓷的稀有。閒暇時，他常命人拿出汝窯瓷器把玩，有一次他不小心把粉青奉華紙槌瓶的瓶口打碎了，他心疼得要死，連忙命人修補上一圈銅口，將其保護起來。

乾隆皇帝是一個大氣的人，明知道宮裡汝瓷瓷器稀少，明知道汝瓷珍貴易碎，明知道這天青色的無價之寶在貓主子眼裡不過就是吃飯用的東西，他還是很慷慨地把自己心愛之物賜給了貓主子。

而且乾隆皇帝還特意關照，為了讓貓主子吃飯的時候顯得姿態好看，務必給貓食盆定制一個底座，底座也不用太節儉，就用紫檀木做就行，尤其是注意別做得太高，而且一定要是帶抽屜的*。

二〇一五年，北京故宮博物院將所有博物館中已知的汝窯瓷器數量做了一個統計，目前全世界存世的汝窯瓷器不足百件，其中的一件汝窯天青釉洗在香港蘇富比拍賣行以兩億零八百萬港元成交，創造了宋代瓷器拍賣的紀錄。

汝窯瓷器雖然少，但其中也分三六九等，品相最好的，就要數沒有冰裂紋的，也就是現在我們常說的「不開片」的**。現存幾乎所有的汝窯瓷器都或多或

---

* 原文出自《各作成做活計清檔》。

** 原文出自《景德鎮陶錄》。

乾隆皇帝的「愛貓」和價值連城的貓食盆

少都有開片，除了做過貓食盆的這一件。現在，類似的貓食盆是臺北故宮博物院的鎮館之寶。保守估計，僅僅是貓食盆本身，價值就能超過五億人民幣。

愛貓，就會甘願為牠花錢。特別愛牠，就更甘願為牠花很多很多錢。

乾隆皇帝有錢任性，這價值五億元的貓食盆，可謂是真情實感吸貓的典範。雖然乾隆皇帝的闊綽讓普通人望塵莫及，但他這甘願為貓主子花錢的行為，讓人不禁感歎，是貓奴沒錯了！

有趣的是，乾隆皇帝也非常高壽，他在位六十年，享年八十九歲，是清朝最長壽的皇帝，也是中國歷史上長壽的皇帝之一。

真的應證了那句江湖傳言：要想活到九十九，每天吸貓一大口。

清代貴婦示範：如何用一隻貓，拍出時尚照片

時光倒流幾百年，在沒有照相機、沒有修圖師的時代，中國貴婦怎麼樣把藝術照拍出時尚大氣的感覺呢？

現在的名媛喜歡曬包，古代的貴婦則喜歡秀貓。

在照相機發明之前，想要留下一張影像並不容易，於是就催生出了職業肖像師這樣的職業。十七世紀，歐洲巴洛克時期，貴婦們喜歡蓬蓬裙，在同時期的歐洲貓畫或者是貴婦肖像畫中，我們經常看到貓趴在貴婦巨大裙擺上的樣子。

有一種美人，叫作氛圍美人。平時看起來可能平平無奇，但是有了某種氛圍的烘托，就會放大她們的美麗。

歐洲貴婦深諳此理，她們在身邊放一隻貓。貓有時候匍匐在她們腳下，顯得她們慵懶；有時候趴在她們的胸口，顯得她們誘惑；在她們睡覺的時候就靜靜地臥在高處，顯得她們從容。

總之，貓不僅僅是寵物，還是營造氛圍的高手。有了貓的襯托，不費吹灰之力，她們顯得既貴氣，又勾人心魄。

若干年後，獨立女性文學的代表亦舒一語中的：做女人，最要緊的就是姿態好看。

東西方的貴婦們，都深諳此理。

若我是一個貴婦，我要有貓，還要有一個鐘錶——在明清兩朝，宮廷內最稀罕之物，非鐘錶莫屬。

鐘錶這種東西，本來不是中國特產。明朝的時候，義大利傳教士利瑪竇來華。他第一次來中國，人生地不熟，但是總不能空著手去。彼時《馬可・波羅遊記》已經問世，歐洲很多人，尤其是皇室和宗教界的上層人士，不僅僅是《馬可・波羅遊記》的超級書迷，也是中國這個遙遠國度的狂熱粉絲。傳教士利瑪竇作為馬可・波羅的義大利老鄉，不僅聽過他的盛名，更從書中瞭解到，在那個金碧輝煌的東方國度，物產富饒。一個什麼都不缺的皇帝會需要什麼樣的貢品呢？利瑪竇從老家出發時帶了很多東西，有耶穌像、萬國圖、鐵絲琴、自鳴鐘等等*。

---

* 圖書《帝京景物略》，上海遠東出版社，1996年版。

果然不出所料，西方的工藝技術讓萬曆皇帝覺得稀奇，他左瞧瞧右看看，每一件都覺得稀奇。其中，他最中意兩樣東西——一大一小兩個自鳴鐘。

一六〇一年一月二十四日，在這個沉悶又寒冷的冬日，當鐘聲響起的時候，血紅色的宮牆彷彿一下子變得波光蕩漾，萬曆皇帝盯著那小小的指針，如同置身夢境*。

萬曆皇帝開了個頭，從他之後的歷代皇帝，無論是有德明君還是無道昏君，都很喜歡西洋鐘錶。鐘錶是舶來品，當時中國的工匠並不太會維護這些東西，於是就給了那些外國傳教士進入中國古代政治權利中心的機會。不管這些外國人來到中國的最終目的是什麼，他們所打的旗號非常巧妙——要麼就是送鐘，要麼就是修表。

別看現在家家都有鐘，買個表也沒什麼稀奇，但在清代的時候，鐘錶可是

---

* 期刊文章〈明代皇帝宮廷娛樂特徵述論〉，《徐州工程學院學報（社會科學版）》，2016年，第5期。

頂級的奢侈品。有一次，慈禧太后要拍照，在背景的桌子上還特意擺了兩臺座鐘。這張照片現在還可以看到，為了完美地展示出自己是擁有兩臺鐘的人，慈禧本人都被擠到了畫面的右邊。

二十世紀五〇年代初，北京故宮博物院的工作人員在清點紫禁城清宮藏品的時候，偶然發現了十二幅巨大的絹畫。展開之後，十二位風姿綽約的美人躍然而出，展現在世人面前。這十二美人圖是清代雍正皇帝的私人收藏，最開始的時候裱在雍正在圓明園的深柳讀書堂裡，後來在雍正十年被拆下來，藏於宮內。

在雍正最愛的十二美人圖中，有一個這樣的女子。她頭戴簪花，手拿念珠，窗前有兩隻長毛宮貓在嬉戲，一派歲月靜好的景象。我們再掃一眼她所處的背景，她左側所放的几凳上，擺著一座紫檀木畫琺瑯自鳴鐘。就這一個小小的物件，足以證明她的身分尊貴，獨得恩寵。

畫中逗貓的女子，正是雍正喜歡的氛圍美女，既有東方閨秀的含蓄，又有西洋女子的時尚，有貓入畫的女子是如此美好溫婉，難怪帝王也為之心醉神迷。

一九一一年清朝統治被推翻，宣統皇帝溥儀還暫居在紫禁城中。一九二二年，十六歲的原任內務府大臣榮源之女婉容嫁給溥儀。溥儀和婉容度過了一段相對甜蜜的時光，他們養了一隻外國領事館贈送的波斯貓，這隻波斯貓圓潤可愛、叫聲嬌憨，溥儀給牠起名叫「金獅」，婉容則為這隻貓專門畫了一幅《貓蝶圖》。

婉容身材纖細、多才多藝，不僅琴棋書畫樣樣精通，而且還通曉英文。隨著時間的推移，溥儀和婉容之間的感情逐漸冷淡，居住在儲秀宮的婉容留下了一張抱著貓的照片。這歲月靜好的瞬間很快便成了鏡花水月，而婉容纖纖臂彎中的那隻宮貓，不僅留下了末代皇宮中的一瞬，也宣告著變革即將到來。

圍觀中國古人如何精緻養貓之後，奇怪的知識增加了

古代普通人家養貓，可能不會有皇家這麼奢靡——用汝窯瓷器做貓食盆、紫檀木做貓食盆底座，讓貓睡皇上的龍榻、陪見外賓，還要「客串」時尚雜誌。

中國人是含蓄的，每當提起貓的時候，傲嬌的古代貓奴總是會說，養貓絕

非因為貓可愛，只是為了要利用牠們捉老鼠而已。在老鼠藥和捕鼠器發明之前，彷彿貓只是一個毫無感情的捕鼠機器，對人類唯一的用途就是解決鼠患問題。尤其是深受儒家思想影響的文人，更是生怕別人覺得自己養貓是玩物喪志，辜負了聖賢教誨。

不過如果我們去翻翻古代的典籍，會發現古人對於養貓的精細程度，遠出於我們的意料。嘴上說著不要不要，身體卻很誠實。在當時有限的條件下，中國古代貓奴為了全方位地瞭解貓主子，可謂煞費苦心，從乾貓糧、濕貓糧到驅蟲、絕育，他們已經有了關於養貓的一系列知識，甚至可能比現在有些人養貓更科學、更走心。

我們都以為古人養貓一定是又粗放又散漫，實際上，中國古人的寵貓程度，比我們想像中要精緻許多。

一、宋朝的時候，寵物店就能買到貓糧了：

在宋朝，貓狗雙全是人生贏家的標誌。而如此多的養貓、吸貓大軍催生了宋朝成熟的寵物市場。

宋朝的寵物店裡可以買到貓糧，當時叫作「貓食」，包括豬肝、豬大腸、小魚乾、泥鰍等等。

宋徽宗時期，鄭州司刑曹蘇鍔命下人去買貓糧，指明要買小魚乾。下人到市場上逛了一大圈，在豬肝、豬大腸、小魚乾和活蹦亂跳的泥鰍中，買了幾兩豬大腸。

蘇鍔在家等著喂貓，發現下人居然買了豬大腸回來，面露慍色。下人也很委屈，說：豬大腸可比小魚乾好吃，我們當地的貓都愛吃。

蘇鍔笑了笑，把豬大腸紅燒後自己吃了。

二、宋朝「鏟屎官」：愛牠，就給牠買小魚乾：

宋朝之前，貓以吃老鼠或者鳥類居多。到了宋朝，人們才發現，原來貓最愛吃的食物中，老鼠、鳥類等排第二，貓最愛吃的是魚，或者說是小魚乾。

宋朝史料上大量出現貓吃魚的記載。在東京汴梁，若開一家寵物店卻不賣小魚乾，生意可是要慘澹許多。

而一個不給貓主子買小魚乾的「鏟屎官」，不算是真正合格的「鏟屎官」。

一一六九年，高產的貓詩作家陸游啟程前往四川，朝廷任命他為夔州通判。此時的陸游四十四歲，已經失業在家待了不短的一段時間。「山重水複疑無路，柳暗花明又一村」，這首語文課本中要求背誦的詩句，就是陸游失業在家時用以自勉的「雞湯」。

好在命運並沒有拋棄他，寫下這首勵志詩句兩年之後，主戰派虞允文任職宰相，大量啟用主張抗金的官員，在家賦閒四年的陸游再次上崗。

此時的陸游有些捉襟見肘，四年沒掙錢，他的積蓄幾乎都已經花完了，不僅要養活妻子和一大堆孩子，還要養貓。

算算去夔州的一路花費，陸游知道自己必須要開啟「窮遊」模式，因為他這一路上不僅要帶著老婆孩子，還得帶著貓。老婆跟著他節衣縮食，大小孩子吵吵鬧鬧，貓主子獨自美麗，就這樣，他開始了一段跨越一千五百多公里的「窮遊」之旅。他們在路上就花了五個多月。途中陸游還不忘寫信給宰相虞允文，意思是說自己到夔州這麼遠的地方去上班，連餐飲、住宿、車馬費都不報銷，自己只能厚著臉皮到處蹭飯。而且四川這裡薪水又低，能不能攢夠回杭州的路費都是問題。

「人在囧途」也就罷了，陸游還惦記著給自己的貓主子吃點好的。他到了四川之後就去考察當地的寵物市場，發現這裡的濕貓糧——鮮魚出奇的便宜，不過這裡的魚太大，口感不好，沒有杭州賣的那種小魚乾，所以只好作罷*。

三、家裡的貓食欲不振、毛髮暗淡？明代人教你如何自製貓飯，養出元氣貓咪：

明代的貓糧品種繁多，尤其是在皇家，主要給貓吃富含多種肉類蛋白質的自製貓飯。以乾明門養貓處為例，這裡足足養了十二隻御貓，每天的貓飯要四斤

---

* 原文出自《入蜀記》。

七兩豬肉加一副豬肝*，而且這還是明朝早期的事情，到了正德皇帝朱厚照當政的時候，每天給貓準備的食物量還會再成倍地增長。其實這樣的食譜已經算是比較理想了，豬肉和豬肝都是優質的動物蛋白，內臟中含有許多貓咪需要的維生素、礦物質等，如果貓咪長期吃貓飯的話，是一定要吃內臟類的。而且貓是純肉食動物，所以明代的貓飯裡面並沒有弄些「葷素搭配」的食材，比現在網上的某些自製貓飯教程都要可靠。另外，肉類中本來就富含水分，對於不愛喝水的貓來說，吃自製貓飯是一種補充水分的絕佳方式。

皇家的貓都吃自製貓飯，有些富裕人家也直接讓貓吃生肉，模擬貓的天然飲食。潘金蓮就是這樣養貓的，她不是給貓吃豬肝或者小魚乾，而是每天給貓吃半斤生肉，把貓養得膘肥體壯，毛髮裡面都能藏一個雞蛋**。

---

* 原文出自《花當閣叢談》。

** 原文出自《金瓶梅》。

有時候貓飯做好了，貓主子並不想吃，尤其是天氣炎熱的時候，怎麼給貓飯保鮮呢？明代理學家方以智給了一個高讚數的回答，就是準備一個陶罐，在裡面放上木炭，再把貓飯放進去，利用木炭本身的吸濕性來保持肉類的新鮮度*，這樣貓飯不容易變質。

四、清代人知道貓吃飯有不少禁忌：

在一幅由西方人手繪的版畫當中，生動地刻畫了清代普通人買貓的場景。當時，在市場中人們不僅可以買到雞、鴨等家禽，還能買到貓。賣貓人會把貓裝在竹制的籠子裡，給貓明碼標價。市場上的買貓人多是農民或者普通文人，農民需要貓來捕鼠，文人需要貓來護書。

清代文人愛貓，博學多識的文人貓奴，給大家做了養貓指南——貓譜。貓譜是中國古代動物譜錄中的一種，現存世四部。雖然成書最早的貓譜《納

* 原文出自方以智《物理小識》。

貓經》出現在元代，但其餘三部貓譜都是清人所作，分別是清嘉慶三年王初桐的《貓乘》，清嘉慶四年孫蓀意的《銜蟬小錄》，還有清咸豐二年黃漢的《貓苑》。*

有錢富養貓，沒錢窮養貓，《貓苑》的作者黃漢很務實地指出這一點。不過在這幾本清朝養貓指南當中，作者認為即便是普通人家，也應該瞭解最基本的養貓常識，一個沒有基本養貓常識的養貓人，對於貓來說是一種傷害。

比如，有的人家養貓就是把剩飯剩菜倒給貓，這表面上看起來沒有問題，貓確實吃點剩飯剩菜也能活，但並不代表牠們能活得好。實際上貓不能多吃鹹，鹹的吃多了容易掉毛，也就是我們現代常說的得了皮膚病。普通人家不用給貓吃山珍海味，但是在力所能及的範圍內還是可以注意一下。

再比如，如果家養的貓不親人，那就要考慮是不是因為貓天天吃野味或者

---

* 期刊文章〈中國古代貓譜中的科學與技術探究〉，《農業考古》，2019年，第1期。

去抓老鼠，所以野性難馴，不容易和人親近*；如果想將貓養得又大又壯，可以多喂點魚和豬肝**。

五、為了給貓絕育，清代貓奴的演技值得提名奧斯卡：

清代貓奴已經體會到被貓支配的快樂，明明是買了一個捕鼠工具而已，明明是讓牠看護書房而已，沒想到卻對貓動了真感情。貓若跑出去野一整天，心裡就空空落落的，想牠。

古人認為母貓比較溫順，公貓比較具有野性。如果家裡有一隻公貓，要給牠做去勢手術***（絕育）。這樣貓不僅會變得溫順，而且不會發情期時在家裡亂拉亂尿，避免了很多不良行為。雖然給貓做絕育的意識很超前，但是貓主子生不

* 原文出自《貓苑》。

** 原文出自《貓苑》。

*** 原文出自《貓苑》。

逢時，當時的醫療技術跟不上，做絕育的公貓將會承受巨大的痛苦。為了避免貓怨恨主人，清代貓奴給貓做絕育前，都要演一齣戲。首先將演戲的場景安排在屋外面；其次，要把貓頭固定住；然後，手起刀落，公貓捂著蛋蛋衝進家中，十分悲壯；最後，主人要跟著貓三步併作兩步地進屋，一臉憐愛並無辜地安撫牠，讓牠知道外面很兇險，還是老老實實待在家裡面實在*。

六、馴貓：

在最愛的人面前，人類容易變得幼稚。在特別愛的動物面前，人類容易變得更加幼稚。

古人試圖教貓學會聽懂自己的名字，比如用唇音「汁汁」呼喚貓，並且將食物跟呼喚聲建立聯繫，貓是可以聽懂人類在呼喚牠的**。至於聽懂後願不願意

---

* 原文出自《貓苑》。

** 原文出自《貓苑》。

搭理人類，那就是另外一回事了。

杭州城東的真如寺有個僧人，是個馴貓大師。因為經常要出門講經，所以他想把寺廟託付給自己的貓。在他的精心訓練下，這隻貓學會了保管鑰匙。他只要出門，就把鑰匙交給貓，貓叼著鑰匙，將其藏匿起來；等他回到寺廟，輕輕拍拍門，貓很快就能銜著鑰匙出現，一人一貓回到寺廟*。

這大概是中國歷史上馴貓第一人吧？放到現在，這隻貓肯定是無庸置疑的「網紅」貓了。

七、為了教貓學會用貓砂盆，中國古人能有多拼：

貓天生喜歡在鬆軟的地方排泄，對有的貓來說，家極有可能就是一個巨大的貓砂盆，這讓「鏟屎官」欲哭無淚。

在那個沒有貓砂的時代，古人為了教貓上廁所，想了很多辦法。他們把一

---

* 原文出自《貓苑》。

隻貓抱回家的時候，先用桶把貓裝好並且用袋子將其蒙住，這樣是防止牠一糊塗又跑走，並且會在桶裡面放一根筷子，讓筷子上沾上貓自身的味道。回到家之後，找一處鬆軟的土堆或者沙堆，把筷子插在上面，這樣，貓就會固定在插上筷子的地方上廁所*。

八、愛上一隻不想回家的貓，怎麼辦：

養了貓之後就容易患得患失，不讓牠出去瘋，怕牠在家憋壞了；讓牠出去玩，又怕牠不知道回家。另外，一個實際情況就是，過去絕大多數人都是散養貓，怎樣才能既讓貓在外面大小便，又讓牠們知道回家呢？

古人的做法是這樣的：開始養貓的時候，先給牠吃幾片好吃的豬肝，然後把貓帶到門口，用細竹枝輕輕鞭打，放回家之後再給牠吃點豬肝**。雖然讓貓受

* 原文出自《納貓經》。

** 原文出自《古今醫統大全》。

了點皮肉之苦，不過效果顯著，這樣貓就不容易走丟了。

這主要是利用食物賄賂貓主子，讓牠知道只有回家才有好吃的好喝的，所以一定要記得回來，千萬不能跑遠了。

九、給貓穿衣服：

有一種冷，叫作「鏟屎官」覺得你冷。

《貓苑》的作者黃漢是個貓奴，每到冬天，他不僅會給貓鋪個厚厚的貓窩，還會給貓親手製作小棉襖*。

愛貓的男人運氣不會差，《貓苑》就是中國現存三大貓譜之一，而黃漢本人也因為這本書而名留千古。

十、給貓驅蟲：

散養的貓容易生跳蚤，對於喜歡抱貓睡覺的古代文人來說，因為貓身上有

* 原文出自《貓苑》。

跳蚤不能抱貓睡覺是一種折磨，而因為貓身上有跳蚤還要抱貓睡覺則無異於一種酷刑。

古代的獸醫聽到了貓奴們的心聲，於是貓咪驅蟲藥應運而生，而且是中藥配方：「生虱，桃葉與楝樹根搗爛，熱湯泡洗，虱皆死。樟腦末擦之，亦可。」

不過這種驅蟲方法近乎江湖偏方，或許是有用處的，但是對貓的副作用極大，樟腦強烈的氣味雖然可以殺蟲，對貓來說也是一種致命的折磨。對於現代養貓人來說，實在是沒有必要嘗試。

歷史上，就有愛貓的作家信了這種江湖偏方，害得家中的好幾隻貓相繼殞命。

女作家蘇雪林從小就喜愛貓。多年之後，她在文章裡回憶起少女時代養貓的憾事，還是覺得愧疚不已。她二十二歲那年，家裡買了一隻綠眼睛的黑貓，名字叫黑緞。這隻黑色的母貓跟她十分親暱，也很信任她。不久黑緞生孩子了，就生在樓上的空房裡。

蘇雪林就主動肩負起黑緞「保姆」的責任，比如喂水、送飯，還有對家裡的小屁孩嚴防死守。家裡的幾個小孩子，聽說黑緞生了小貓都想去看，因為見過這些小屁孩把蜻蜓的翅膀玩到斷落，所以她堅決不能讓他們接近小貓們半步。

一個多月之後，黑緞漸漸帶著長大了的小貓下樓玩，小貓也都很健康。有一天，蘇雪林的小侄子驚慌地告訴她說：「小貓身上有好多蝨子！」蘇雪林記得當年讀私塾的時候，私塾先生說樟腦丸可以替貓除蝨子，就決定試一試。她把樟腦丸碾碎，抓了一隻剛滿月的小貓過來，在牠的毛上揉搓，蝨子確實立竿見影地掉了一層，在地面上清晰可見，可是小貓明顯覺得很不舒服。她用同樣的辦法給另一隻小貓和黑緞都驅了驅蟲。黑緞也覺得很不舒服，驅完蟲之後就像子彈一樣衝出去，跑開了。

第三天，家裡的女僕告訴她，小貓們在佛堂裡發瘋似的衝撞了一夜，第二天早上都死了，應該是被樟腦的氣味給熏死的。黑緞也不見了，最後看到牠的時候，牠在田壟上劇烈地嘔吐，過去想抓住牠時，牠頭也不回地奔走了，從此之後再也沒有見過牠。*

嘴上說著愛貓的古代藝術家，怎麼能把貓畫得那麼醜

你在哪裡見過醜貓？

貓奴們細細思量，紛紛搖頭。

確實，全天下的貓奴都會認為，貓能醜到哪裡去？圓圓的腦袋，或尖或方的下巴，天生占據臉部二分之一的大眼睛，硬漢看了都生憐愛之心。

法國現代主義先驅詩人波特萊爾曾經盛讚貓的美貌：「躺在我的心窩吧，美麗的貓，藏起你那銳利的爪腳！讓我沉浸在你那美麗的眼中，那兒鑲著金銀和瑪瑙。」

貓可愛、漂亮、精緻、呆萌，這是貓奴們的共識。但是如果我們興沖沖地

---

* 原文出自《貓的悲劇》。

翻開古代貓畫，決定來一場跨越時空的「吸貓」，我們的笑容將逐漸凝固。從歐洲到中國，古代的貓畫醜到能讓貓奴的心臟漏跳半拍，讓人看了直呼想戒貓。

不管世人是如何吹捧牠們雍容華貴、可可愛愛，現代貓奴卻實在是誇不下去。古畫裡有各種醜出自己風格的貓，牠們一般有著過於肥胖或過於瘦削的身軀，再加上比例失調的眼睛和耳朵——對於注重貓顏值的人來說，這是一種災難。

根據我們有限的認知，我們已知貓的長相從古至今變化並不是很大，所以我們並不是針對貓，而僅僅是針對畫貓的那些人發出靈魂拷問：貓咪那麼可愛，怎麼能把貓畫得那麼醜？

來自中世紀的靈魂畫貓團隊，如果他們不說這畫的是一隻貓，我們能把牠們錯認為除貓之外的任何不明生物。

時代的偏見，我們可以理解。中國古代藝術家筆下的醜貓則顯示了他們對於貓的獨特品位。

首先，我們看到來自明代的靈魂畫手——仇英，帶來他的傳世之作《漢宮春曉圖》。

仇英用他的畫筆帶著人們回到了熱鬧繁華的漢代宮廷，詳盡地展示了漢代宮廷中的宮女、娘娘們是如何不負春光的。若是立起來看，這幅畫只有一本書那麼高，卻足足有六公尺長。在這個漢宮大「派對」的現場，有人下棋，有人喝茶，有人正準備彈琴，有人已經彈累準備離開了。就在這喧鬧的現場，屋子裡的凳子上，有隻貓正高臥睡覺呢。仇英這幅畫傳遞了很多訊息，但實際上尺寸很小，畫中那隻睡得正酣的貓大人，其實也就一公分這麼大而已。

作為中國十大名畫之一，《漢宮春曉圖》中，仇英把酣睡中的貓大人畫得很細緻。這隻貓毛髮量濃密，在春日的微風中輕輕飄動，閃爍著金絲般的光澤，牠蜷縮成一隻海螺卷，但就是閉眼睡覺的樣子感覺像是一隻暴躁的狐狸，下一秒可能就會跳起來打人。

我們將視線轉向另一位元明代畫家，外號「只要活得久，一切皆有可能」的文徵明老先生。文徵明和仇英是好朋友，也是貓奴。他還和祝允明、唐寅、徐禎卿並稱為「吳中四才子」。

有趣的靈魂總會相遇，如果評選明代最溺愛貓的「鏟屎官」，文徵明必須榜上有名。他本來住在市中心，為了給貓提供更大的生活空間，專門跑到鄉下買了獨棟別墅。有人說他太破費，他卻說，鄉下空氣清新，院子又大，只要是為了貓好，一切都值得。

愛吸貓的文徵明活到了九十歲。文徵明書畫造詣極高，詩、文、書、畫樣樣精通，人稱「四絕」，是當時人人望塵莫及的全才，詩宗白居易、蘇軾，文受業於吳寬，學書於李應禎，學畫於沈周。有外國學者認為，文徵明在當時中國的影響力整整持續了三百年之久，從對藝術界的貢獻上看，他相當於歐洲文藝復興時期的米開朗基羅。文徵明的前半生並不是很出彩，他真正的傳世之作基本上都誕生在其中老年，是大器晚成的典範。

在二〇一五年的保利秋季拍賣會上，文徵明的《雜詠詩卷》以六百七十個字的篇幅，拍出了八千一百六十五萬元的高價，平均一個字就值十二萬元，說是一字千金一點也不誇張。

愛貓的文徵明曾經畫了一幅《乳貓圖》，乳貓也就是小奶貓。

貓是世界上最可愛的動物之一，小奶貓更是世界第一可愛，圓圓的眼睛，粉粉的嘴巴，可愛到讓人想抱著猛吸幾大口。但是文徵明這幅畫裡的小奶貓卻是凸眼齙牙、虎背熊腰，堪稱小奶貓界的「崩壞圖」。

文徵明的《乳貓圖》真跡不僅留存下來了，而且還被拍賣出去了。二〇〇六年春季，這幅《乳貓圖》以約十六萬五千元的價格拍出，值得注意的是，這幅圖上不僅有貓，而且還有一段長長的題字。

按照文徵明真跡一個字十二萬元的價格來估算，這幅《乳貓圖》裡面的貓就跟不要錢差不多。

文徵明的小奶貓哭暈在廁所，果然是個看臉的時代。

文徵明畫貓獨得他的老師——「明四家」之首沈周的真傳。沈周那幅很有名的《寫生冊：貓》，現在收藏在臺北故宮博物院，是鎮館之寶之一。沈周也養貓，名字叫作「烏圓」，可惜後來走丟了，沈周再也沒有見過這隻貓*。他時常想起這隻貓，牠虎頭虎腦，野性十足，經常在書房裡玩耍。沈周雖然覺得牠頑皮，但是烏圓有一天真的走丟了，他還是會想念牠富有活力的身影。在沈周高超的技巧下，烏圓呈現出幾近正圓的形狀，確實又黑又圓——這個從上往下的俯視鏡頭堪稱「死亡視角」，顯得烏圓肥碩無比，胖若兩貓。

如果不是那個十分有存在感的貓頭，你會以為這是個巨蟒之類的東西。

烏圓：從下往上拍顯瘦！

沈周：乖，你真的就這麼胖。

在看了那麼多貓之後，貓奴們終於迎來了春天，就是清宮舊藏《狸奴影》，

---

* 原文出自《失貓行》。

一般人還真看不到，只有皇上在貓癮上來的時候才能偷偷吸兩口。

《狸奴影》是一個系列作品，是清宮四大西洋畫師之一艾啟蒙的得意之作。他師從郎世寧，尤其擅長畫動物。畫中的十隻貓分別是「妙靜狸、涵虛奴、翻雪奴、飛睇狸、仁照狸、普福狸、清寧狸、苓香狸、采芳狸、舞蒼奴」，是艾啟蒙對著十隻御貓描畫而成的。艾啟蒙深得郎世寧真傳，熟悉動物解剖結構，畫出的貓栩栩如生，眼睛又大又圓，可愛極了。

中國古代畫家所畫的貓，我們可能不能僅僅從好看不好看來看，一方面，因為在很長一段時間當中，中國畫講究的是寫意，並不是像拍照片一樣真實還原；另一方面，古代畫家很早就注意到，在一天當中，貓的瞳孔會時大時小。正午的時候，貓的瞳孔在陽光下會變成一條細線，而在早上或者晚上的時候，瞳孔又會放大。對於古人來說，畫細瞳孔的貓顯示出當時是白天，人物和光線的搭配，包括畫中樹木、花朵的狀態，都要和貓的樣子相契合，以顯示功力。

北宋歐陽修喜歡一幅貓畫，將其掛在家中。有一次家中有客人來訪，對這幅畫讚歎不絕：「這畫中貓畫得到位，正午的牡丹也很到位。」

「你怎麼看出是正午的牡丹？」歐陽修好奇地問。

「你看，貓的瞳孔瞇成一條縫，從時間上看應該是正午，陽光照射強烈，而畫中的牡丹顏色稍微有點發乾，正好是正午牡丹的樣子。」

會吸貓的看門道，不會吸貓的看熱鬧。從此之後，別再說中國古人不會畫貓了，畢竟我們這些凡夫俗子都是看臉，而藝術家們，或許才是貓真正的靈魂知己啊。

第四章　名流

近現代名人與貓

貓奴老舍的新年願望

貓一眼就知道你喜歡牠，還是不喜歡牠。但問題是，牠一點也不在乎。

——佚名

一九二四年，一位舉止儒雅的中國年輕人來到英國倫敦大學應聘漢語教師。他得到了一個職位，給在校的學生教授漢語。這個年輕人就是老舍。

老舍在英國的時候寫過一篇文章，叫作《英國人與貓狗》。彼時的老舍並不是貓奴，他甚至認為，英國人對貓愛得太過火了：

「貓在動物裡算是最富獨立性的了，牠高興呢就來趴在你懷中，囉哩囉唆地不知道念著什麼。牠要是不高興，任憑你說什麼，牠也不搭理。可是，英國人家裡的貓並不會因此而少受一些優待。早晚他們還是給牠魚吃，牛奶喝，到家主旅行去的時候，還要把牠寄放到『托貓所』去，花不少的錢去餵養著；趕到旅行回來，便急忙把貓接回來，乖乖寶貝地叫著。及至老貓不吃飯，或把小貓摔了腿，便找醫生去拔牙、接腿，一家子都忙亂著，彷彿有了什麼了不得的事。」

此時貓在英國已經成為平常人家的寵物，老舍看到英國人養貓像養孩子一樣，覺得不能理解。

老舍還提到，英國人歡迎中國學生去家裡做客，但是卻不喜歡他們對家裡的貓咪那麼冷淡。英國人把貓當家人，不過對於當時很多的中國留學生來說，貓只是貓而已。他並不覺得中國人這樣看待貓有什麼問題，反而覺得英國人有些超過了。貓是什麼呢？作為一個貧苦出身的北京孩子，貓在老舍的印象裡不過就是眾多「牲口」中的一種。如果家主今天心情好，可以多丟塊剩肉給貓吃，如果只是平平無奇的一天，並不需要給貓一個好臉色看*。

老舍不僅對貓無感，甚至還在文章中坦言，自己年少無知的時候，在一艘法國輪船上曾不小心吃過貓：

---

* 原文出自《英國人與貓狗》。

「也記得三十年前，在一艘法國輪船上，我吃過一次貓肉。事前，我並不知道那是什麼肉，因為不識法文，看不懂菜單。貓肉並不難吃，雖不甚香美，可也沒有什麼怪味道。是不是該把貓都送到法國輪船上去呢？我很難做決定。」*

千萬別被老舍一本正經的口氣給騙了。這個人表面上說著貓沒什麼了不起，私底下就開始養貓。

老舍從英國回國之後，住在濟南。那時候他風華正茂，擔任中國山東大學中國文學系的副教授。他養的這隻貓名叫「球」，一定是像球一樣毛茸茸、圓滾滾的小貓。雖然起了個名字，但實際上，老舍經常喚牠為：「小球」、「小寶貝」、「小心肝」……

球那時候只有四個月大，是隻十足的小奶貓，但是卻在老舍面前製造了一起「血案」。老舍救了一隻受傷的麻雀，本來是打算等麻雀養好傷之後就將其放

* 期刊文章〈貓〉，《新觀察》，1959年8月。

歸自然，沒想到就被球給撲住，舊傷加上新傷，基本上就跟死了差不多*。

不過老舍並沒有責怪球，反而買了球愛吃的肝來感化牠：「我的好話說多了，語氣還是學著婦女的：來，啊，小球，快來，好寶貝，快吃肝來……」

老舍在濟南創作了著名的小說《貓城記》，這本十一萬字的科幻著作，直到今天仍舊是日本學術界最喜歡研究的中國著作之一，大概和書有個可愛的名字有很大關係**。一九三三年，老舍有了自己的第一個女兒——舒濟，在給長女照的一張照片背後，老舍還高興地題詩一首，把愛女和愛貓都寫了進去：

爸笑媽隨女扯書，一家三口樂安居。

濟南山水充名士，籃裡貓球盆裡魚。

有了女兒是很開心的，有貓更快樂。

---

* 原文出自《小麻雀》。

** 期刊文章〈《貓城記》在日本的傳播與中國形象塑造〉，《戲劇之家》，2021年，第11期。

抗戰爆發之後，老舍離開居住了四年的濟南，又輾轉去了重慶。出來混，總是要養貓的。老舍用實力證明了這一點。

他在重慶居住時，又養了一隻貓，叫咪咪。居住的地方老鼠肆虐，他索性就給自己的住所起了一個名字叫「多鼠齋」。老鼠多到什麼地步？老舍一方面去買了一隻小貓，一方面還要擔心貓活不下去，被老鼠吃掉。畢竟當時的重慶據形容是「鼠大如象」，連貓都要被關在籠子裡，不然一不小心就要被碩大的老鼠給吃了去。

這隻小貓咪花了他兩百多塊，價值不菲。買的時候他心裡就暗自吐嘈，花大錢買到的只是一隻醜醜的小貓，而且身體孱弱得很，彷彿活不了很久的樣子。更重要的是，買貓已經花了很多錢，所以他買不起肉或者小魚乾給貓吃了。老舍自責得很：「貓是食肉的不應當吃素！」

沒想到過了幾天，小醜貓就會自己捉老鼠了，這讓老舍高興不已。

抗戰勝利之後，赴美講學的老舍受到周恩來的邀請，回到了北京，擔任作家協會副主席，同時搬進了在北京的丹柿小院。

這是老舍人生中最愜意的一段時光。兒子舒乙也說，養貓之後，老舍變得非常戀家。戀家到什麼程度呢？

「他戀家到開政協會都要回家吃午飯，他自己覺得這個家特好。」

老舍出生在北京一個底層的家庭。他的母親四十歲的時候才生下他，他一落地母親就昏迷了過去，旁邊無人照顧。還是老舍的大姐恰好回家，才救了他一命。出生後的第二年，八國聯軍進攻北京城，在皇城當兵的父親在交戰中犧牲。父親的去世讓這個本來就很不富裕的家庭雪上加霜，老舍從小就沒有很好的營養，所以身體很弱，三歲還不會走路，也不會說話。兒子舒乙說父親「一天到晚偎在炕上，給他一個小棉花球，他能玩半天」。童年和母親相依為命，老舍對母親非常感激和尊重，從來沒有對母親說過狠話，除了婚事，老舍基本沒有違抗過母親的意願。另一方面，受到母親性格的影響，老舍也是個內心非常柔軟的人，溫柔、寬厚，從來不發火，而且非常戀家。家意味著溫暖、舒適和安全。作為一個土生土長的老北京人，老舍嚮往閒適的生活，就像他筆下的貓，「乖乖的，會找個暖和的地方，成天睡大覺，無憂無慮，什麼事也不過問」。

一個不愛貓的人，恐怕也很難愛其他人。我們都知道老舍是人民藝術家，他的作品有內涵，接地氣，深受大眾的喜愛。但是很多人不太知道的是，老舍還是一個寶藏作家，他興趣愛好非常廣泛，能文能武。在濟南生活的時候，他拜過著名的武術師父，少林、太極……十八般武藝都有涉獵。他出版的第一本書不是散文，也不是小說，而是一本叫《舞劍圖》的武術專著，老舍負責文字，顏伯龍負責插圖。有次臺靜農來拜訪老舍，被他家裡各種各樣的兵器震驚了，他看了半天，只能勉強認出其中一把是紅纓標槍。老舍在日本有不少讀者。他會武術、有功夫的事情也傳到了日本文壇。一九六五年，六十六歲的老舍到日本訪問，日本學者城山三郎趁老舍不注意給他一拳，沒想到被老舍輕巧避過，他對老舍更是佩服有加。

老舍脾氣溫和，在他的眾多興趣愛好中，他尤其愛養花，但是偏偏自家的小貓喜歡到花盆裡玩耍，經常把稚嫩的花苗、枝藤弄得亂七八糟。老舍怎麼辦呢？自己的小貓咪，只能寵著。

豐子愷說，貓的可愛，可以說是群眾意見。這話說給老舍聽，恐怕他也會一百個同意。

我們不妨再來看看老舍是怎麼把貓咪誇上天的。

老舍說，這些貓的性格確實有點讓人捉摸不透，又懶散，又任性，要麼是臥著一動不動，要麼就是跑出家門一天都見不到，貓咪心情好的時候就使勁蹭你，懶得搭理你的時候怎麼叫牠都叫不過來。

「牠要是高興，能比誰都溫柔可親：用身子蹭你的腿，把脖子伸出來讓你給牠抓癢，或是在你寫作的時候，跳上桌來，在稿紙上踩印幾朵小梅花。牠還會豐富多腔地叫喚，長短不同，粗細各異，變化多端。在不叫的時候，牠還會咕嚕咕嚕地給自己解悶。這可都憑牠的高興。牠若是不高興啊，無論誰說多少好話，牠也一聲不出，連半朵小梅花也不肯印在稿紙上！」

但是很有反差的是，貓又非常有勇氣，不僅是捉老鼠的好手，就連遇上蛇也敢上前去比試比試，不愧是和獅子、老虎同屬一科的貓科動物。

貓是可愛的，在老舍眼中，最可愛的是小貓，尤其是睜開了眼睛會淘氣的小貓。

「一玩起來，牠們不知要摔多少跟頭，但是跌倒了馬上起來，再跑再跌。牠們的頭撞在門上，桌腿上，和彼此的頭上，撞痛了也不哭。牠們的膽子越來越大，逐漸開闢新的遊戲場所。牠們到院子裡來了。院中的花草可就遭了殃。牠們在花盆裡摔跤，抱著花枝打秋千，所過之處，枝折花落。你見了，絕不會責打牠們，牠們是那麼生氣勃勃，天真可愛！」

老舍曾在《新年的夢想》中寫到，其實他對生活的期盼很簡單，就是希望家中的小白女貓，再生兩、三個小小白貓而已。

老舍生前很喜歡一枚印章，上面刻著：「數百年人家無非積善，第一等好事還是讀書。」對於我們現代人來說，緬懷這位溫良、有趣作家最好的方式，就是多讀讀他寫的書，再找找書中的小可愛吧。

愛貓人的「舒適圈」——貓奴的朋友也是貓奴啊

很多人看了《愛貓之城》後，覺得伊斯坦布爾是愛貓之城，實際上，北京城也算得上一個。

老北京人養貓歷史悠久，前面說過，明代就有專門的機構養貓，叫作貓兒房。嘉靖皇帝最喜歡的貓叫霜眉，霜眉去世的時候他還下令「金棺葬貓」，可以說是極盡恩寵。

老北京人老舍養貓，老舍的朋友也是貓奴。

人們總是說：「文人相輕」。確實，知識份子聚集的地方是最複雜的地方，他們博學又高傲，熱心又古怪。不過有一種動物和文人的氣質很合，就是貓。

在近代中國歷史上，有不少文人都是貓奴，而如果將貓作為線索的一頭去穿針引線，這根長長的線上不僅有眾多我們耳熟能詳的文化人，而且，還環環相扣，別有生趣。

一九五四年，周恩來在中南海家裡設宴，邀請了三對文藝界的朋友，老舍夫婦、曹禺夫婦和新鳳霞夫婦。這三對夫婦裡面，有兩對都是貓奴。

新中國成立後，二十五歲的新鳳霞從天津來到北京打拼，並一炮而紅。她長相甜美可人，嗓子清亮透徹，迅速成為人民群眾最喜愛的女明星之一。而且因為她配合著《新婚姻法》的頒布，演唱了《劉巧兒》，更是被譽為「共和國第一美人」。周恩來和老舍都喜歡聽新鳳霞的戲，而老舍更是熱心地給新鳳霞做媒，介紹了一位儒雅的導演給她認識，就是吳祖光。和新鳳霞不同，吳祖光出身書香門第。老舍給新鳳霞介紹吳祖光，自然不僅僅是因為他家世顯赫，而是他打心裡覺得吳祖光踏實、厚道，是個值得新鳳霞託付終身的人。舊社會的戲曲演員，往往被人稱作「戲子」，在臺上的時候捧著，下了臺就被看輕，甚至被貶低。老舍是新鳳霞的好朋友，他自然要挑人品好的介紹給新鳳霞。

新鳳霞後來在書中回憶有關吳祖光的一件小事，是老舍反覆念叨的，那就是在重慶，有個鄉下小青年幫吳祖光打掃衛生，小青年總是光著腳，吳祖光看他沒有鞋，特意選了一雙皮鞋送給他。可是這個年輕人沒穿過皮鞋，不知道還要分左右腳，穿一天下來，腳都磨破了，直喊疼。這時候剛好老舍來找吳祖光，看見他正蹲在那裡給年輕人揉腳，還非常耐心地告訴他，皮鞋怎麼穿，怎麼分左右腳。*

新鳳霞的女兒吳霜回憶說，在她六歲的時候，爸爸給她抱回來一隻貓。這隻貓是從爸爸的好朋友夏衍那裡抱回來的。因為吳祖光是作家和編劇，平時要寫東西，貓總是會跳上書桌，弄亂桌子，他就教育貓說：「離我一尺遠。」可是貓咪還是照玩不誤，吳祖光也不氣惱。其實吳祖光並不是很喜歡貓，但是卻願意為了妻子和女兒去養貓。

為什麼呢？女兒吳霜說，爸爸讓自己養貓大概有兩個原因，一個原因就是

---

* 圖書《美在天真：新鳳霞自述》，山東畫報出版社，2017年版。

自己太調皮了，想用貓分散她的注意力；另一個原因就是想讓她去學習怎樣照顧小動物、照顧人。

而吳祖光也深知，妻子新鳳霞也愛貓，只是她一路打拼過來，沒有養貓的條件。所以在結婚之後的平和日子裡，他儘量彌補妻子的童年缺憾。

新鳳霞出身貧寒，從小為了生計要學戲。那時候天津的窮苦人家一般都住平房，蓋房子用的磚很貴，但是老鼠偏偏喜歡在牆上打洞，撕咬傢俱、衣服，啃壞食物，所以很多窮人家養貓主要就是為了防範鼠患，保護財產。新鳳霞住在貧民區，家裡養了一隻鴛鴦眼的小花貓。作為出生在窮苦環境，從小就要學戲養活自己的女孩，貓只是家裡的工具，能捕鼠就留，不能捕鼠就攆走。確實，當時人都活不起，更何況養一隻貓呢？這也是要吃飯的一張嘴啊。

養貓養狗在家裡長輩看來，都是玩物喪志，所以她從不敢在人面前對貓好。但是為了給小貓改善伙食，她經常去翻垃圾箱，只是想給小貓找一些倒掉的殘羹冷炙；她出門回家多繞一些路，就是為了給貓買點小貓魚。因為怕貓跑丟，她訓練貓不許跑出大門，小貓就每天蹲守在樓道處等她。

「……我家的小花貓，我十分用心伺候。出門去，手裡抱著小花貓前頭走，後跟著一條黃狗，我心裡可高興了。但不敢在家裡抱著貓、狗，因為夥計太多，沒有閒工夫。小花貓一隻黃眼睛一隻藍眼睛，兩隻長毛大耳，走路一扭一扭的，是個公貓，可愛極了，性格非常溫柔。為了牠我天天去扒垃圾箱，找魚腸子、魚頭、魚尾；喊嗓子回來寧願多繞幾條街，去南門大街買小貓魚。」*

二十世紀六〇年代，末代皇帝溥儀從撫順戰犯管理所被特赦，回到北京之後，他和新鳳霞等人一起，在北京參與勞動改造。溥儀就曾經回憶說，他當年是很喜歡養狗的，在宮中也養了很多貓，這些宮貓都有專人飼養。「我曾養過滿屋子各式各樣的鳥，大批的貓，大群的狗，滿院子的缸裡養金魚，駱駝、牛和猴子

* 圖書《美在天真：新鳳霞自述》，山東畫報出版社，2017年版。

等也飼養過。」* 溥儀的弟弟溥傑也是個貓奴，還給自己的貓起名叫大黃。

新鳳霞中年的時候開始跟著齊白石學畫畫，是齊白石的弟子。而齊白石也欣賞新鳳霞，覺得她人好戲也好，於是收了新鳳霞當乾女兒。為了表達自己的欣賞，他專門把新鳳霞叫到自己的畫室，從櫃子裡取出一卷畫，大幅的白紙，每張上面卻只畫一兩隻小小的草蟲：蜻蜓、蝴蝶、蜜蜂、知了。他讓新鳳霞隨便挑，新鳳霞就拿了最上面的一張知了。老人把紙鋪在畫案上，提筆畫了一幅秋天的楓樹，這隻秋蟬就趴在楓樹枝上。齊白石題了字，把畫送給新鳳霞，沒收錢。

齊白石年輕的時候在家鄉做木工，後來經人指點轉向畫畫，畫得還不錯，在當地小有名氣，賣畫刻章也足以養家糊口。但是因為湖南戰亂，沒有辦法，在五十五歲那年，齊白石告別家裡的父母和妻子，獨自北上漂泊。齊白石七十歲之後，逐漸名滿天下，前來求畫、買畫的人很多。不過老頭賣畫從來都是明碼標價，

---

* 圖書《我的前半生》，北京聯合出版公司，2016年版。

再好的交情，也要給錢。

他寫了一張告示，常年貼在客廳：「賣畫不論交情，君子有恥，請照潤格出錢。」

還有一張購買須知：「花卉加蟲鳥，每隻加十元，藤蘿加蜜蜂，每隻加二十元。減價者，虧人利己，余不樂見。」

齊白石最討厭討價還價，他規定一隻蝦十塊錢，但是有人只給五塊，他要麼就畫一隻半，要麼就把另外一隻畫得半死不活的。買家覺得看起來不對勁，問他為什麼，他說，這價錢也就能買到這種蝦吧……。

在齊白石家裡，他不僅主外，而且主內。

黃永玉在《比我老的老頭》裡面寫道，他年輕的時候去拜訪齊白石老先生，特地到西單買了四十多隻大螃蟹，作為見面禮。齊白石看見他拿來的螃蟹很高興，不過，在阿姨蒸螃蟹之前他還要數一下，一共四十四隻，這才放心讓阿姨去蒸。

齊白石家看守門房的是一個孤老爺子，叫老尹，據說是清末的太監。雖然他在宮裡被克扣慣了，但是到齊白石這裡還是有點不習慣。老人常常不給工錢，拿自己的畫抵，而且定時、定期、定尺寸。門房沒辦法，就兼職在門口賣畫換錢，說起老闆的摳門來，滿滿都是淚。

這些都是小範圍流傳的段子，比這些段子更廣為人知的，是齊白石家裡的一盤點心。當時齊白石已名滿京城，他的待客之道比較規範，每次有他的客人或者弟子來，他都會親自打開一個大櫃子，櫃子裡面有小盒子，小盒子再打開，就是招待客人用的點心。這些點心不知是何年何月的，拿出來之後擺一會，再放回去，可以迴圈使用。

齊白石收了「評劇皇后」新鳳霞當女弟子，很高興，讓她第二天帶著吳祖光一起上門做客。兩人如約到齊家，齊老摸出懷裡那一長串鑰匙，親自打開一個中式大立櫃，兩人見到了在北京城有頭有臉的圈子裡十分著名的「點心」——「這些點心大部分已經乾了、硬了，有些點心上面已經發黴長毛了，可是我們還是高興地吃了一些……」

黃永玉也親眼見過這著名的「點心」，不過他提前做過功課，只是看看，沒吃。

「老人見到生客，照例親自開了櫃門的鎖，取出兩碟待客的點心。一碟月餅，一碟帶殼的花生。路上，可染已關照過我，老人將有兩碟這樣的東西端出來。月餅剩下四分之三；花生是淺淺的一碟……寒暄就座之後，我遠遠注視這久已聞名的點心，發現剖開的月餅內有細微的小東西在活動；剝開的花生也隱約見到閃動著的蛛網。這是老人的規矩，禮數上的過程，倒並不希望冒失的客人真正動起手來。天曉得那四分之一塊的月餅，是哪年哪月讓饞嘴的冒失客人吃掉的！」*

齊白石養貓，也畫貓。他戒心重，疑心大，唯一對貓百依百順，毫不防備。

在一九四八年的一張珍貴的照片中我們可以看到，齊白石作畫的時候，有

---

* 圖書《比我老的老頭（增補版）》，作家出版社，2007年版。

隻貓就靠在他的手腕邊，全程觀看。

他畫的是螃蟹和對蝦，他的筆移動到哪裡，貓的視線就跟到哪裡，頗有趣味。齊白石畫貓不算多，但他筆下的貓都很貴，其中《油燈貓鼠》是老人的得意之作，二〇〇九年的時候以四百四十八萬元人民幣高價賣出。

齊白石中晚年還有個親密的朋友，叫夏衍。夏衍是翻譯家、收藏家、社會活動家，一九二九年和魯迅一起籌建了中國左翼作家聯盟，新中國成立後還曾擔任過文化部副部長等職位。夏衍熱愛收藏，他中年之後，非常喜歡齊白石的畫作，經常是收到稿費之後，就跑去買齊白石的畫。齊白石對於這樣闊綽的「粉絲」也非常讚賞，在他九十三歲贈給夏衍的《墨蟹圖軸》的題款上，我們能看到「夏衍老弟」這樣親密的稱呼。

新鳳霞家的貓是夏衍送的，大概是因為老北京養貓有講究，賣貓象徵著破產，親朋好友之間送貓才顯得喜慶。夏衍不僅送貓給朋友，而且還喜歡給朋友家的貓起名字。冰心家也有一隻貓，是一隻白貓，但是頭和尾巴都是黑色的，老北京人把這種貓叫「鞭打繡球」。冰心老人見人就誇，說自己的小貓咪是稀世珍寶，格外名貴。冰心老人本來給這隻貓起了個很普通的愛稱，就叫「咪咪」。夏衍則翻看古籍，說這種貓不叫「鞭打繡球」，應當叫「掛印拖槍」，因為貓身上的黑點是「印」，黑尾巴是「槍」。

夏衍愛貓在文藝圈是很有名的，而他的貓通人性在文藝圈更是有名。熟識夏衍的人曾記錄過這樣一件真事：在「文革」期間夏衍被關押，一直照顧他生活的老保姆就帶著兩隻狸花貓在老宅裡等他。還沒等到夏衍回來，老保姆先行去世。夏衍被釋放之後，第一件事就是回家找自己的貓，但已經過去了八年，小貓早已經熬成了老貓。老貓見到「鏟屎官」回來，拖著已經病入膏肓的身子圍著他轉，去蹭他，之後就消失不見了。第二天，在床下的角落裡，這隻貓已經永遠閉上了眼睛。

貓一般不會像其他很多動物一樣，暢快熱烈地表達感情，但是「貓是不會輕易去愛一個人的，牠們會審視觀察很久。可是貓如果愛你，就會一直愛你」。

貓把野性都留給了外人，把溫柔和忠誠都留給了主人。

「這是一隻多麼忠誠的貓，多麼講信義的貓。牠善良，有人性，講人情；牠要付出多大的毅力才能支撐自己活下來。牠一定有一個堅定的信念，相信自己的主人，確信主人一定會回來的。……牠待人的感情是莊嚴又溫暖的……」*

老北京的胡同裡，經常有貓出沒。馬未都說他早年看過梁實秋的一篇文章。那時候梁實秋還住在北平的胡同裡，經常有一隻野貓不知分寸地劃破他家的窗戶紙，竄入屋內，弄亂他的書桌，弄髒他的屋子。那時候的梁實秋對貓「毫不感冒」，便囑咐家裡的廚師說一定要想辦法把貓趕走，而且，千萬別讓貓再回來了。廚師照辦。

不出所料，貓再次劃破窗戶紙登堂入室，廚師很快就把那隻不知天高地厚的貓抓住，欲取牠性命。雖然對貓無感，但是梁實秋也並不想殘害生靈。廚師會

---

* 圖書《貓啊，貓》，山東畫報出版社，2004年版。

點旁門左道，既然不能就地正法，那就讓貓永遠不敢再回來吧。他用細鐵絲套在貓身上，然後再將鐵絲另一頭拴上一隻空鐵皮罐頭，貓受到驚嚇之後狼狽出逃。梁先生和廚師都確認，貓這次真的不會再回來了。

當天晚上，梁實秋準備就寢。只聽窗外有鐵皮罐頭擊打樹幹和窗櫺的聲音，他只覺得心驚，沒過多久，刺啦一聲，窗戶紙又破了，貓回來了！牠和梁實秋對視一眼，只見牠那瘦弱骯髒的身軀迅速爬上了書架。梁實秋追著貓跑了過去，踩上高凳朝書架頂上定睛一瞧，幾乎要垂淚：原來這是一隻母貓，正擁著四隻嗷嗷待哺的小貓在餵奶。梁實秋和母貓四目相對，這隻母貓眼神中都是警惕和恐懼，但還是一動不動地保持著餵奶的姿勢。

或許哪天在胡同裡倏然一閃的生靈，就是那隻母貓的後代吧。*

* 圖書《目客 004・貓：懶得理你》，中信出版集團，2016 年版。

稀有的獅子貓，讓多少人甘願沉淪

中國古代有一本奇書叫《金瓶梅》，在這本書裡面，貓擔任了一個很恐怖的角色。

而貓之所以會擔任這樣的角色，還是拜牠的主人潘金蓮女士所賜。

作為西門慶的眾老婆之一，潘金蓮恨極了李瓶兒母子，時時刻刻都想要了結李瓶兒的兒子官哥兒的命。而官哥兒，正是西門慶唯一的兒子。

潘金蓮對於李瓶兒的怨恨來得有理有據，首先李瓶兒在嫁給西門慶之前，是京城的小富婆，她嫁給西門慶的時候給西門家帶來不少金銀細軟，這讓經商逐利的西門慶十分理解李瓶兒在家中的分量。而相比之下，潘金蓮則更像是玩物，除了美貌，沒有太大的實用價值；李瓶兒還為西門慶誕下了兒子官哥兒，母憑子貴，這更是讓她在眾太太中風光無兩，獨得西門慶恩寵。

嫉妒到發狂的潘金蓮想出一計。潘金蓮這一計又巧妙又毒辣，為後來的宮鬥劇貢獻了很好的思路。在《甄嬛傳》中，皇后就是用非常類似的一招滑掉了富察貴人的胎。

是個什麼思路呢？

潘金蓮是個貓奴，她養了一隻渾身雪白但額頭上帶一道黑的獅子貓，名叫雪獅子。書中這樣形容雪獅子：「白獅子貓兒，渾身純白，只額兒上帶龜背一道黑，名喚『雪裡送炭』，又名『雪獅子』。」

雪獅子本來只是一隻小貓咪，不僅從來不攻擊人，而且智商很高，在潘金蓮有意無意的訓練下，牠總是能給她叼回來汗巾和摺扇。官哥兒天真無邪，小小年紀就喜歡吸貓，經常去找雪獅子玩。看似其樂融融的溫馨場景，在被人蓄意謀劃之後，變得暗藏殺機。

這天，雪獅子照舊叼回摺扇送給主人，跟潘金蓮賣萌求抱抱，潘金蓮寵溺地把牠攬在懷裡，眼睛一轉，主意來了。

潘金蓮發現官哥兒經常穿大紅衣衫，於是她每天給雪獅子餵食的時候，都會在肉外面包一塊紅綢布。雪獅子喜歡吃生肉，牠每次朝著食物撲過去的時候，必須把紅綢布胡亂撕開才能夠吃到食物。

李瓶兒並不知道潘金蓮的詭計，還是照常讓自己的兒子跟雪獅子一起玩。結果某一天，官哥兒又換上了那件大紅衣衫，雪獅子看見紅綢布，悲劇發生了。

官哥兒沒有當場斃命，只是被嚇了個半死。但最後也沒救活，慢慢死掉了。一手策劃整個事件的潘金蓮看似是人生贏家：她的貓間接殺死了西門慶的兒子，除掉了她的心頭大患；兒子死了等於要了李瓶兒的半條命，潘金蓮搞垮了情敵李瓶兒，穩住了自己在西門家的位置。

西門慶並沒有責備潘金蓮教導無方，而是直接衝進潘金蓮的房間，拎起極度恐懼的獅子貓，拿到院子裡摔死了。

獅子貓就成了整個事件當中的替罪羊。

論惡毒，潘金蓮敢稱第二，估計沒有人好意思稱第一。不過在作者筆下，潘金蓮還是會動腦的，她訓練貓的那套方法，後來在二十世紀初被一個叫巴夫洛夫的俄國科學家發現，命名為「條件反射定律」。

近年來有學者考證，為什麼《金瓶梅》中會反覆出現獅子貓的意象呢？因為作者很可能是在山東臨清這個地方把這本千古奇書《金瓶梅》寫出來的。《金瓶梅》是不是在山東臨清寫的？這已然成了一個不大不小的學術問題，尚在討論中，但是獅子貓卻給我們留下了很深的印象。

臨清獅貓是中國特有的昂貴貓咪。關於臨清獅貓的來源說法很多，比較主流的說法是牠是波斯貓的後代。唐宋時，朝廷接受外邦進貢，原產於波斯地區的長毛貓開始在宮廷出現，這是波斯貓最早傳入中國的記載。除了國禮層面的交往，另一路波斯貓沿著陸路或水路，隨著波斯商人來到中國。出於運輸的便利，波斯商人往往會選擇在水路交通方便的樞紐定居，這樣方便以此為據點，將自己的產品傳播到全中國乃至全世界。臨清就是這樣一個絕佳的交通樞紐。臨清位於山東西北，在隋唐時是從洛陽到北京的必經之地，明清之際依然是水路交通的樞紐。眾多波斯商人從山東臨清登陸，當他們上岸之後，順便也帶來了原本屬於西域的精靈——波斯貓。波斯貓傳入中國之後，當地人將波斯貓和本土貓雜交，於是誕生了一種酷似小獅子的貓——臨清獅貓。

中國宮廷的貴人們尤其喜歡長毛貓，在宋明以來的宮廷貓畫中，裡面的貓絕大多數都是長毛貓，有些是進貢的波斯貓，有些則是臨清獅貓。史書形容臨清獅貓比一般的貓體格更大一些，通身雪白，尾巴能垂到地上，領毛、胸毛、腹毛能把四爪嚴密覆蓋，其中以一藍一黃鴛鴦眼的獅貓最為稀有。而且坐有獅相，貴不可言*。在佛教中，獅子隱喻著無邊的法力，在道教中，獅子也代表著仙禽異獸，總之非常華麗貴氣。從王公貴族到富裕階層，當時的貓奴都爭著做獅貓的「鏟屎官」。

陸游曾經記載，南宋秦檜的孫女崇國夫人丟了一隻獅貓，她把臨安城翻了個底朝天，也沒有找到自家的獅貓，可見獅貓在當時的受寵程度。明代皇帝對獅

---

* 原文出自《臨清縣誌》。

貓也喜歡得要命，其中以明世宗朱厚熜的獅貓霜眉最為有名。霜眉去世，差點要了朱厚熜這個老貓奴的半條命，好在貓兒房又及時給皇帝挑選了一隻獅貓，這才讓朱厚熜稍稍心安了些。皇帝高興，周圍的大臣也舒了一口氣，不然這有「重度貓癮」的皇帝，說不定又要做出什麼荒唐事。

和貓相比，狗更得清代人的喜愛，但獅貓依然受寵。著名思想家龔自珍來到長安，看到高門大戶中的獅貓，寫下了一首詩：

繾綣依人慧有餘，長安俊物最推渠。
故侯門第歌鐘歇，猶辦晨餐二寸魚。
——清龔自珍《憶北方獅子貓》

晚清時長安城中的沒落貴族們，每天依然要給自己家的獅貓老老實實準備小魚乾。

臨清獅貓本來是地方給朝廷的貢物，牠們在宮廷逐漸失寵之後，便逐漸開始流落民間。一些富裕家庭沒落之後，作為寵物的獅貓就會被棄養，獅貓的品種和血統也開始混亂。二十世紀八〇年代末，獅貓開始「牆內開花牆外香」，外銷海外，臨清市政府開始培育這種貓，並大量送往北京，或許這也就是北京的長毛獅貓數量更多的原因。過去，很多北京老太太喜歡說，自己家養了一隻波斯貓。純白色且毛長的異瞳貓，一般都被叫作波斯貓，其實就是獅貓，或者僅僅是大白貓而已。

女作家宗璞也愛獅貓。她本名馮鍾璞，是中國著名國學大師馮友蘭之女。馮友蘭先生在一九五二年之後一直在北京大學哲學系擔任教授，宗璞也隨父親一起一直住在燕園，終其一生，她都和父親保持著非常親密的關係。馮友蘭先生曾說，他一生能夠暢遊純粹的精神世界，要感謝三位偉大的女性做他的堅強後盾，一位是他的母親，一位是他的妻子，還有一位就是他那極孝順的女兒，就是宗璞*。宗璞出生於一九二八年，她養第一隻獅貓是在二十世紀七〇年代，算下來

---

* 圖書《向歷史訴說》，人民文學出版社，2017 年版。

那時候她大概是四十歲*。她養過三代獅貓，第一代是雪白的毛髮，碧藍的眼睛，她為其起名叫「獅子」，這隻獅貓不幸被人用鳥槍打死。牠留下一隻「花花」，是隻長毛三花貓，後來花花生了病，離家出走了。花花留下了兩隻貓，一隻叫「媚兒」，一隻叫「小花」，都是長毛獅貓，以至於宗璞看著短毛貓總是不習慣：「看慣了，偶然見到緊毛貓，總覺得牠們沒穿衣服。」

北京大學終身教授、印度佛教研究學家季羨林先生住在北大燕園的時候，也養過好幾隻長毛貓，其中就有獅貓。

季羨林先生是山東臨清人，臨清最著名的特產就是獅貓了。他出生寒門，早年生活頗不平靜，沒有養貓的條件，季羨林先生是從晚年在北京生活安定下來後，才開始養貓的。

《老貓》是一九九二年他在《散文》雜誌上發表的文章，那時季羨林先生

---

* 原文出自宗璞《貓塚》。

已經八十一歲了。在這篇文章裡，他說自己十四年前才養了第一隻貓，叫虎子，是一隻狸花貓。按這個時間點來倒推，季老應當是六十七歲才開始養貓的，看來，貓奴是不分年齡的。

季老開始養貓之後，白天帶著貓在燕園散步，晚上讓貓躺在自己的被子上睡覺，吃飯的時候也要丟些雞骨頭、魚刺給牠們吃，用他的話說，雞骨頭、魚刺就相當於貓咪的燕窩、魚翅呢。

第一隻狸花貓虎子來到家裡後，又有人給季羨林送了一隻純種白色波斯貓，他給貓起名叫咪咪。虎子個性暴烈，咪咪則溫柔敏感。季羨林回憶說，自己的外孫有次打了虎子，從那之後，虎子見著這個熊孩子就張牙舞爪地想咬他，季老也不勸架，反而誇自己的虎子是非分明。小外孫沒辦法，每次到季老家裡面，都要抓根竹竿防身，以防萬一：「得罪過牠的人，牠永世不忘。我的外孫打過牠一次，從此結仇。只要他到我家來，隔著玻璃窗子，一見人影，牠就做好準備，向前進攻，爪牙並舉，吼聲震耳。他沒有辦法，在家中走動，都要手持竹竿，以防萬一，否則寸步難行。」*

咪咪比虎子小三歲，大概在牠七、八歲的時候，就已經顯現出老態，最明顯的表現就是大小便失禁。家人來看季老時，屋子裡經常是一股貓尿味，咪咪還特別喜歡在稿紙上撒尿。但是季老卻堅決不允許家人教訓貓，而且發誓，從養貓那一天開始，就絕對不會動貓一根手指頭，哪怕是牠們做了特別過分的事情：「我謹遵我的一條戒律：決不打小貓一掌，在任何情況之下，也不打牠。」

不久之後，咪咪病重，季老有天夜裡突然驚醒，發現咪咪沒有在他的床上睡覺，披衣起床就出門尋找。他拿著手電筒出門，漆黑的夜裡在角角落落裡的白影都像是咪咪。但是終究沒有找到，季老這才想起來，傳說貓死之前會找個隱蔽的地方藏起來，怕朝夕相處的「鏟屎官」看到自己終老的樣子會傷心。

因為咪咪的離世，季老傷心了好一段時間：「從此我就失掉了咪咪，牠從

* 原文出自季羨林《老貓》。

我的生命中消逝了，永遠永遠地消逝了。我簡直像是失掉了一個好友，一個親人。至今回想起來，我內心裡還顫抖不止。」

為什麼會這樣？

「我這樣一個走遍天涯海角飽經滄桑的垂暮之年的老人，竟為這樣一隻小貓而失魂落魄，對別人來說，可能難以解釋，但對我自己來說，卻是很容易解釋的。」

咪咪去世之後，季羨林的老伴也在不久之後離開人世。人貓俱老，這讓季老感覺十分孤寂。瞭解到這一點的朋友們，又先後送給他了四隻白貓，其中就有來自老家臨清的獅貓。

季老吸貓上癮，卻跟家裡鬧出了不少矛盾。季老的兒子季承在回憶錄裡抱怨說，父親養的貓有跳蚤，一到夏天，他的小腿上全是跳蚤的咬痕。季老並不在乎家裡人對貓的看法，反而是家裡人越反對，他養貓的決心就越堅定。老伴去世一年之後，季老於一九九五年與自己的獨子季承關係鬧僵，直到季老住院期間父子倆才重歸於好。至於原因，說法眾多，有人說是因為父子之間本來就積怨已久，還有人說是因為季承第二段婚姻的選擇季老不能接受，還有人說是因為季承對父親捐贈字畫等行為不滿意。總之，父子決裂這十三年間，兒子季承的第二段婚姻是娶了季老的保姆，這個保姆比季承年輕四十歲有餘，季老則繼續養貓，牽掛貓。

家中的瑣事季老在晚年的文章中並沒有多談，或許他知道，說得多了，也只是留人話柄。二〇〇三年起，季老已經開始長期住院，在住院期間，他只回過三次家。第一次回家的時候，他養的獅貓從角落裡「喵嗚」一下就撲了過來，老人觸景生情，流淚了。因為住院，不能夠時時回家探望貓，他就委託管家照看。管家代管了很長時間，後來這隻貓也莫名其妙不見了。貓丟了之後，管家去醫院探望季老，季老在病榻上，見面便問他貓怎麼樣了，他無言以對。*

* 出自季羨林管家口述。

魯迅、弘一法師、夏丏尊和豐子愷：貓兒相伴看流年

二〇一七年，樸樹在錄音棚裡演唱《送別》：

長亭外，古道邊，芳草碧連天。晚風拂柳笛聲殘，夕陽山外山。
天之涯，地之角，知交半零落。一壺濁酒盡餘歡，今宵別夢寒。

還沒有唱完，他就淚如雨下。

樸樹在多個場合說，若能寫出《送別》這樣的詞，此生無憾，也有人評價說，《送別》這首詞在百年以來，無出其右者。

而它的作者，正是弘一法師李叔同。

《送別》的創作時間有兩種說法，一種說法是李叔同在杭州師範學校當教師的時候所作，那時候他目睹自己的朋友落魄，在大雪紛飛的夜裡填下這首詞；另一種說法是李叔同在日本時所作，那時候他剛剛喪母，哀戚的心情揮之不去，而曲調的原作者美國人約翰・龐德・奧德威寫出這首《夢見家和母親》，正表

達了渴望回家與母親相聚的感情。

李叔同並不只是一個詩人或者作詞家，他的身分很多，他是新文化運動和中日文化交流的先驅，是中國話劇的奠基人，是將西方樂理傳入中國的第一人，是作家、詩人，是一位高僧，他還是豐子愷等人的老師，以及偶像。

名貫中西的學者林語堂曾經評價李叔同說：「他是我們時代最有才華的幾位天才之一……也是最遺世獨立的一個人。」

就連心高氣傲的張愛玲都說：「不要認為我是個高傲的人，我從來不是的——至少，在弘一法師寺院圍牆的外面，我是如此的謙卑。」

作為中國近現代文化史上「教父」級的人物，作為大師的老師，李叔同的一生波瀾壯闊，堪稱是從朱門到空門的典範。

一八八〇年，李叔同出生於天津的河東桐達李家。這是一個望族，父親李世珍（李筱樓）本是進士，還和權臣李鴻章是同一年的進士。和自己的老朋友官場得意不同，李世珍看不慣官場黑暗，轉而回家繼承家業，在天津名赫一時。家中主營鹽業和銀錢業的李叔同是當之無愧的豪門貴子，從小錦衣玉食。李叔同父親早死，母親愛好不多，就喜歡去梨園聽戲，也喜歡帶著幼年的李叔同去聽戲。人生如戲，戲如人生，從小就飽受傳統音樂和歷史典故薰陶的李叔同在十六歲的時候，就寫下了「人生猶似西山日，富貴終如草上霜」這樣的詩句，時隔一個多世紀，我們仍然能夠感受到其中的細膩和蒼涼。

豐子愷曾經這樣評價自己的這位恩師，字裡行間都是掩飾不住的崇拜：「我崇仰弘一大師，是因為他是十分像人的一個人。」李叔同早年孟浪，喜歡出入風月場所，結交了不少倡優和名妓。不僅結交，他還會指點她們的唱腔和身段，李叔同的初戀，就是天津的名妓楊翠喜。父親的老友李鴻章簽訂《辛丑條約》之後，吐血而死。局勢風雲變幻，李叔同帶著母親去了上海，在這個燈紅酒綠的東方巴黎，但凡是見過他的人，都稱讚他是一等一的翩翩公子：「絲絨碗帽，正中綴一方白玉，曲襟背心，花緞袍子，後面掛著胖辮子，底下緞帶紮腳管，雙梁厚底鞋子，頭抬得很高，英俊之氣，流露於眉目間。」*

最敬愛的母親去世之後，他剪掉辮子，換上洋裝，遠赴日本留學。在日本他先是考取了東京美術學校，之後又在音樂學校學習樂器和編曲，為了更好地彈奏鋼琴，他甚至狠下心來去做了指膜割開手術。

他在日本組織話劇社春柳社，一九〇七年春為了舉行義演，李叔同在《茶花女》中扮演茶花女，波浪卷髮、白色長裙，盈盈細腰、眉頭微蹙，扮相十分驚豔，後來李叔同成為將話劇引進中國的開山鼻祖。也難怪周恩來囑咐曹禺說：「你們將來如要編寫《中國話劇史》，不要忘記天津的李叔同，即出家後的弘一法師。」周恩來在一九一三年考到南開，南開的校長就是一八六〇年出生於天津的嚴修，他曾經稱讚周恩來有「宰相之才」，而李叔同經常到嚴修府上探討學問和維新思想，他的侄子李麟璽在南開的時候還曾經和周恩來一起同臺演戲。

* 圖書《緣緣堂隨筆》，江蘇人民出版社，2016 年版。

李叔同也是小小年紀就當上了「鏟屎官」，多的時候養過十來隻貓。和很多小孩不尊重動物甚至喜歡「虐」小動物不同，李叔同對這些動物很慈悲，他「敬貓如敬人」，尊重貓就像尊重人一樣，有時候甚至更尊重貓。

老天津民俗會把「來貓去狗」作為家族興旺的徵兆，或許我們可以理解為，貓作為純食肉動物，能養得起貓的人家都是殷實的人家，而李叔同家能養得起這麼多隻貓，真不是一般的闊綽了。李叔同離開天津的時候是二十歲左右，去日本留學的時候是二十六歲，家裡一直養著這些貓，不離不棄。而他在給別人寫信的時候，有一個特別的落款，叫作「天津貓部」，這可以說是愛貓人的小心思了。直到現在，李叔同故居還有不少貓咪生活在其中。有人曾經問故居的保安，這裡怎麼有這麼多貓啊，保安想了想，脫口而出：因為大師喜歡貓啊！

天津人愛貓，富家養貓，普通人家也養貓，畢業於南開大學的作家靳以就在他的文章《貓》中寫道：

「當著我才進了中學，就得著了那第一隻。那是從一個友人的家中抱來的，很費了一番手才送到家中。她是一隻黃色的，像虎一樣的斑紋，只是生性卻十分馴良。那時候她才生下兩個月，也像其他小貓一樣歡喜跳鬧，卻總是被別的貓欺負的時候居多。」

有位低調的天津民俗學家顧道馨曾經撰寫天津《貓譜》，從中可以看出天津人養貓的講究。首先從大類上將貓分為獅子貓和普通貓兩種。在普通貓當中，根據毛色等的不同，也有不同的分類，比如說黑白黃三色的貓，我們現在一般叫「三花貓」，老天津人就稱其為「帶女兒」，因為三花貓一般是母貓；有虎斑紋的就直接叫「花貓」，花貓長大就叫「大花貓」；白毛中有片片黑毛的則形象地稱其為「石頭雲」；嘴巴周圍有雜色毛的叫「蝴蝶兒嘴」；普通貓中最上品的貓就是通身黑亮如緞的黑貓，在當時人看來有辟邪、招財的功能；除了黑緞色，通身純白也是頂級的貓，而如果貓兩隻眼睛的顏色不一樣，比如一個是藍色一個是黃色，我們現在叫「鴛鴦眼」，老天津人稱其為「玉石眼兒」，那就是極品中的極品。

所以由此來看，靳以家的貓應該就是一隻可愛溫順的「花貓」。

一九〇五年，懷著喪母的悲痛，李叔同去了日本留學。給家裡拍電報的時候他詢問家中的情況，非常關心家裡的貓：「在東京留學時，曾發一家電，問貓安否？」

後來他的學生豐子愷寫道：「如果他（李叔同）母親遲幾年去世，恐怕他不會做和尚，我也不會認識他。」

說到弘一法師出家的因緣，夏丏尊曾經在一篇文章裡面提到，那時候他在報紙上看到一篇日本人斷食的文章，就介紹給李叔同看。夏丏尊把這篇文章當作獵奇，沒想到自己的同事李叔同卻很認真地去實踐了，從這件事中可以隱隱看出弘一法師出家的端倪。

一九一二年李叔同到浙江省立第一師範學校任教，就和夏丏尊共事，一直共事了七年。夏丏尊比李叔同小六歲，是浙江上虞人。跟李叔同一樣，他也是一九〇五年到日本留學的，兩年後因為公費留學沒有申請成功，夏丏尊成了「失學兒童」，回到浙江省立第一師範學校。他最開始的時候是擔任日語助教，那時候李叔同還在日本留學，魯迅則已經從日本學成歸來，在浙江省立第一師範學校教書，所以夏丏尊也跟魯迅共事過一段時間，只是後來魯迅因為發起學潮，被迫辭職。一九一二年，李叔同受聘來到浙江一師擔任音樂教師，夏丏尊則自告奮勇擔任了舍監一職。舍監有點類似於舍管員兼輔導員兼教導主任，在當時地位並不是很高，頑劣的學生經常跟他開拙劣的玩笑，比如在他的大褂上畫烏龜，或者乘其不意把草圈套在他的脖子上。

如果有人看過李叔同先生和夏丏尊先生的合影，會發現他們完全是兩種風格，李叔同仙風道骨，夏丏尊則憨態可掬。兩個人關係非常好，李叔同出家之前，把別人苦求不到的墨寶一股腦都送給了夏丏尊*，還送了他摺扇和金錶**，而藏書

---

* 圖書《去趟民國》，生活・讀書・新知三聯書店，2015年版。

** 圖書《去趟民國：1912-1949年間的私人生活》，生活・讀書・新知三聯書店，2012年版。

等則都送給了自己的愛徒豐子愷等人。

後來夏丏尊又和一些朋友創辦了開明書店，他是中國語文教育的奠基人之一。夏丏尊是魯迅的同事，那時候魯迅還不叫「魯迅」，但是魯迅對文學的興趣已經在影響夏丏尊了。魯迅知道夏丏尊曾經在日本留學，但是見他小說讀得不多，就送給他《域外小說集》，後來夏丏尊說，自己是「受（魯迅）啟蒙的一個人」。

夏丏尊在杭州的時候，學生私底下給他起外號，叫他「夏木瓜」。這個外號最開始或許是個「惡搞」，因為夏丏尊長得「頭大而圓」（豐子愷《悼夏丏尊先生》），一年到頭都穿一件粗布的破長衫，在當舍監的時候又經常和小混混學生打交道，所以就得了這麼個外號。不過到了豐子愷上學的時候，「夏木瓜」變成了愛稱，因為他總是像媽媽一樣感化學生，所以後來豐子愷總結說，夏先生對他們實行的是「媽媽的教育」，而李叔同先生實行的是「爸爸的教育」。*

---

* 圖書《緣緣堂隨筆》，江蘇人民出版社，2016年版。

中國有句古話說，人無癖不可交也。和自己的好友李叔同一樣，夏丏尊是個內心很柔軟的人，他說自己小時候，得知家裡殺雞就會躲起來；跟大人一起聽戲，聽到《殺嫂》等橋段，也是低下頭捂上眼睛不敢看的。* 或許內心柔軟的人註定是要養貓的。

一九二一年，夏丏尊應邀回到家鄉上虞創辦春暉中學，新家坐落在白馬湖畔。妹妹帶著外甥女來夏丏尊家小住，他們剛住下沒多久，就發現家裡有老鼠，妹妹就提議養一隻貓。夏丏尊小時候家裡就有貓，那是一隻金嵌銀的老貓，毛色就像狐皮一樣光滑，特別善於捉老鼠，可是性格又特別溫順。老貓捉老鼠的時候兇猛，但是對待他這個毛頭小孩卻格外溫柔。

「善捉鼠性質卻柔馴得了不得，當我小的時候，常去抱來玩弄，聽牠念肚裡佛，挖看牠的眼睛，不啻是一個小伴侶。後來我由外面回家，每走到老四房去，

---

* 圖書《去趟民國》，生活・讀書・新知三聯書店，2015 年版。

有時還看見這小伴侶——的子孫。曾也想討一隻小貓到家裡去養，終難得逢到恰好有小貓的機會，自遷居他鄉，十年來久不憶及了。」（夏丏尊《貓》）

大概是兩個月後，妹妹染上了瘧疾，沒有辦法親自來送貓，所以托人給夏丏尊家帶來了一隻小花貓，就是上述那隻金嵌銀貓的後代。不久之後妹妹去世了，夏丏尊說，這隻貓就成了懷念妹妹的紀念物，每天都要給牠吃魚，晚上一定要抱回房間，生怕牠被野狗之類的叼走，就連吃飯的時候，也要在餐桌旁給小貓留個位置。一九二六年的秋天，夏丏尊已經在白馬湖畔住了五年時間，在這清淨之地，夏丏尊用了很多精力去翻譯義大利作家亞米契斯的名著《愛的教育》。一九二六年八月，夏丏尊翻譯的《愛的教育》在開明書店出版，封面設計和插圖繪製就是豐子愷完成的。而這本《愛的教育》成為開明書店開張之後最熱門的暢銷書。而家中的愛貓則在這年的秋天跑丟了。

和自己的老師、同事夏丏尊和李叔同相比，豐子愷愛貓可謂遠近聞名。他精通書法、音樂、繪畫和多門外語，後以繪畫聞名於世。他是個溫潤如玉的人，就像他的名字「子愷」一樣，安樂自得，他自己也說：「我的一生都是偶然的，偶然入師範學校，偶然歡喜繪畫音樂，偶然讀書，偶然譯著，此後正不知還要逢到何種偶然的機緣呢。」但是養貓卻不是偶然的。

豐子愷小時候，家裡就養貓，他童年中印象最深的場景，就是自己那嚴厲又不得志的父親對著一盞青燈喝黃酒、吃螃蟹，而家裡那隻老貓，總是沉靜地臥在父親身邊，彷彿是一幅年代久遠的水墨畫。

「我的父親中了舉人之後，科舉就廢，他無事在家，每天吃酒，看書。……他的晚酌，時間總在黃昏。八仙桌上一盞洋油燈，一把紫砂酒壺，一隻盛熱豆腐乾的碎瓷蓋碗，一把水煙筒，一本書，桌子角上一隻端坐的老貓，我腦中這印象非常深刻，到現在還可以清楚地浮現出來。」*

豐子愷正式養的第一批寵物並不是貓。一九四三年到一九四五年之間，豐

* 圖書《緣緣堂隨筆》，江蘇人民出版社，2016年版。

子愷先養了鵝和鴨，那時候他對貓還沒什麼感覺，最愛的就是走路歪歪扭扭的小鴨子，有人說鴨子走路難看，豐子愷就「放話」說，「貓走起路來偷偷摸摸，好像要去暗殺，那才真難看。」

這還不算，在一九四三年這通篇「頌讚」鴨子的文章中，他還對貓說了更過分的話呢：「貓是上桌子的畜生，其貪吃屬性更可怕……鴨子，即使人們忘了餵食，仍搖搖擺擺地自得其樂。這不是最可愛的動物嗎？」*

日後的重度貓奴豐子愷不會想到，反轉就在四年之後猝不及防地發生了。

時間到了一九四七年，豐子愷在抗戰勝利之後正式養的第一隻貓，叫作白象。這本來是段老太太的貓，後來又成了他次女林先的貓，抗戰時期這隻貓跟著段老太太逃難逃到大後方，又跟著林先到了上海，之後林先又把白象轉交給了老爸豐子愷。

---

* 圖書《緣緣堂隨筆》，江蘇人民出版社，2016年版。

受女兒之托，豐子愷把小貓帶回杭州養。在豐子愷的畫中，貓是絕對的主角，很多書迷都知道他是重度貓奴，經常「你一隻我一隻」地送貓給他。

可是豐子愷打死都不願意承認自己是貓奴，明明都已經被人拍到讓小奶貓爬到自己的帽子上睡覺的照片，明明根本就離不開貓，明明天天寫文章「頌讚」貓咪：

「白象真是可愛的貓！不但為了牠渾身雪白，偉大如象，還為了牠的眼睛一黃一藍，叫作『日月眼』。牠從太陽光裡走來的時候，瞳孔細得幾乎沒有，兩眼竟像話劇舞臺上所裝置的兩隻光色不同的電燈，見者無不驚奇讚歎。收電燈費的人看見了牠，幾乎忘記拿鈔票；查戶口的員警看見了牠，也暫時不查了。」*

豐子愷還是說——其實我並不喜歡真貓，只是喜歡畫貓。我養貓也不是自己想養的，主要是家裡的女兒們非要養貓。

---

* 圖書《緣緣堂隨筆》，江蘇人民出版社，2016年版。

嘴上說著很嫌棄，但身體卻很誠實。有次豐子愷惹得一位客人不是很開心，他心裡過意不去，又怕自己弄巧成拙，於是就派貓出去替他道歉。豐子愷的貓既要當貓模特兒，還得去「平事」，真是為這個家操碎了心。

一九一八年，李叔同在杭州的虎跑大慈寺皈依佛門，此後，世間少了一位李叔同，多了一位弘一法師。弘一法師出家之後，曾經去過學生豐子愷的住處。豐子愷發現老師坐下來之前，總是要先晃晃椅子，問老師是為什麼。弘一法師說：「這椅子裡頭，兩根藤之間，也許有小蟲伏著。突然坐下去，要把牠們壓死，所以先搖動一下，慢慢地坐下去，好讓牠們走避。」*弘一法師的慈悲心總是深深影響著豐子愷，在自己恩師五十大壽的時候，豐子愷特意畫了整整五十幅畫為老師祝壽，名字叫作《護生畫集》。十年後，恩師六十歲的時候，流亡貴州的豐子愷在戰火中完成了整整六十幅畫作，這就是《護生畫集》第二集。弘一法師

＊圖書《緣緣堂隨筆》，江蘇人民出版社，2016年版。

很欣慰，他在給豐子愷的回信中寫道：「朽人七十歲時，請作護生畫集第三集，共七十幅；八十歲時，作第四集，共八十幅；九十歲時，作第五集，共九十幅；一百歲時，作第六集，共一百幅。」豐子愷回信寫了八個字：「世壽所許，定當遵囑。」

彼時是一九三九年，距離弘一法師圓寂只有不到三年時間。一九四二年，圓寂之前，弘一法師交代了最後五件事，其中之一就是：「去時將常用之小碗四個帶去，填龕四腳，盛滿以水，以免螞蟻嗅味走上，致焚化時損害螞蟻生命，應須謹慎。再則，既送化身窯後，汝須逐日將填龕小碗之水加滿，為恐水乾後，又引起螞蟻嗅味上來故。」也就是說，在他去世之後，要焚化的時候，要在小碗裡面裝上清水，防止焚燒的時候高溫傷害無辜螞蟻的生命。

而豐子愷則在三十年後，以七十多歲的高齡，完成了和老師的約定，「世壽所許，定當遵囑」。在他身受癌症和病痛侵蝕多年後，第六集的一百幅《護生畫集》最終完成。

關於弘一法師養貓的文字記錄並不是很多，他出家之後更是鮮有史料記載。但是出家人能不能養貓，寺廟可不可以養貓的爭論，卻從未停止。

有人認為寺廟不應當養貓。反對者的觀點一般有三，一是說佛教講四大皆空，而養貓則是一種塵世的牽掛，徒增煩惱，不利於修行；二是貓是肉食動物，吃老鼠也是一種殺生；三是僧人養貓的時間多了，修行用功的時間勢必就會少了，是對佛的怠慢和不恭敬。

值得指出的是，現在很多寺廟依然在養貓。有些是因為流浪貓自己來到了寺院，有些是這些貓原來的主人知道把貓放養在寺院不會被丟棄，所以送到寺院中續命。寺院中養的貓不能算是寵物貓，因為一般都是隨緣飼養，隨緣送出。貓和僧人都能夠自在。如果說僧人不能養貓、收容貓，那很多流浪貓、被遺棄的貓基本上就無處可去了。

而現在的很多中國寺廟，基本上無貓不成寺，想必弘一法師若能看到，一定也會很欣慰吧。

民國頭條：魯迅兄弟失和，和小貓咪有什麼關係

一九二三年七月十九日上午，弟弟周作人給了魯迅一封親筆絕交信，信的內容是這樣寫的：

> 魯迅先生：
>
> 我昨天才知道——但過去的事不必再說了。我不是基督徒，卻幸而尚能擔受得起，也不想責誰——大家都是可憐的人間。我以前的薔薇的夢原來都是虛幻，現在所見的或者才是真的人生。我想訂正我的思想，重新入新的生活。以後請不要再到後邊院子裡來，沒有別的話。願你安心，自重。
>
> 七月十八日，作人

魯迅收到信就問二弟，究竟是為什麼？但是二弟負氣走人，兄長最終也沒有討來一個說法。這就是中國近代文學史上非常有名的「二周兄弟失和事件」。

魯迅和弟弟周作人出生在浙江紹興，兩個人都是近代國學大師章太炎的得意門生，都很受器重。這兩位堪稱文壇「雙子星」的周氏兄弟，早年關係非常親密，他們一同留學日本，共同署名文章並出版。魯迅文筆好，二弟周作人的文章也是一流。

兄弟失和的原因，至今仍是個謎。魯迅生前並不願意詳說，周作人在魯迅死後也語焉不詳，但唯一能夠確定的是，兄弟倆的關係壞就壞在周作人那個日本太太身上*。在留學期間，周作人愛上了在留學生公館裡當女招待的羽太信子，很快就和這個日本姑娘結婚了。羽太信子家庭負擔很重，家裡有好幾口要吃飯的嘴，和周作人結婚之後，兩個人沒有經濟來源，魯迅作為兄長，不僅給新婚的兩口子寄錢，而且還給羽太信子一大家子寄錢。當時魯迅一個月工資三十塊錢，這已經算是比較高的工資了，可是周作人夫婦花錢大手大腳，他實在是沒辦法，

* 圖書《去趟民國》，生活・讀書・新知三聯書店，2015年版。

只好賣了一套房，並且催促周作人說，畢業之後回國工作，好儘快承擔起家庭的重任。郁達夫是魯迅的好友，也和周作人很熟悉，他認為兄弟倆的不和完全是個誤會，矛盾的根源極有可能就是經濟原因。兄長勸說弟弟一家要節儉，但弟弟及弟媳並不愛聽。

周作人回國之後在北大當教授，魯迅則為了改善整體生活條件，購置了北京西直門的八道灣四合院，供一大家子人居住。作為魯迅和周作人共同的好友，梁實秋去過兄弟倆在八道灣的住宅。這個由魯迅出資購買的房子，魯迅本人住在側房，而弟弟周作人一大家子則住在朝南的正屋，有臥房、大院，還有好幾間書房。梁實秋參觀之後，對周作人的書房印象格外深刻，後來回憶道：「幾淨窗明，一塵不染，圖書中西兼備，日文書數量很大。」

此時的魯迅已經成為新文化運動當之無愧的旗幟人物，在全國範圍內享有盛名；而周作人也是北大教授，在著述、翻譯方面成就斐然。不過兄弟兩個人的個性卻是南轅北轍，認識魯迅的人都說，魯迅是堅硬耿直的。

如果以「魯迅為什麼不喜歡」為關鍵字進行搜索，會跳出來眾多搜索結果，比如：魯迅為什麼不喜歡家鄉紹興？魯迅為什麼不喜歡中醫？魯迅為什麼不喜歡朱安？魯迅為什麼不喜歡衍太太？魯迅為什麼不喜歡徐志摩？魯迅為什麼不喜歡梅蘭芳？……

魯迅不僅怨懟人，而且怨懟動物。據不完全統計，被魯迅點名過的動物就包括跳蚤、蚊子、蒼蠅、狗，還有貓。

魯迅一開始並不喜歡貓，這一點周作人可以作證。在兄弟倆還沒有鬧翻之前，有胡同裡的野貓經常在房頂鬧騰，尤其是到了春天的時候，貓求偶的聲音鬧得魯迅夜夜難寐。魯迅就叫上自己的弟弟周作人，一起爬上屋頂去驅趕貓。

周作人晚年曾經在《知堂回想錄》中回憶兄弟倆早年朝夕相處的溫馨時光，也提到過魯迅曾經的暴脾氣。聽到貓叫的魯迅經常是披著衣服就衝出家門，而周作人則順勢搬了個小茶几出去，魯迅蹬著茶几，周作人手持長竹竿，把樓頂不識趣的野貓好一頓教訓。

這點不僅周作人可以作證，當時的很多名人也都可以作證。豐子愷是魯迅的資深讀者，他曾提到自己讀魯迅寫的〈閏土〉，故事中的人物原型小時候是魯迅很好的玩伴，長大之後再相見，卻怯怯地改稱他為「老爺」，讓魯迅百感交集。而豐子愷也有同樣的感觸，他與童年的玩伴日後再相見，也變得生分。熟讀魯迅著作的豐子愷，在描寫自家的貓咪「白象」可愛的時候，就順便「踩」了一下魯迅家的貓：「我覺得白象更可愛了。因為牠不像魯迅先生的貓，戀愛時在屋頂上怪聲怪氣，吵得他不能讀書寫稿，而用長竹竿來打。」*

魯迅坦誠自己確實對貓無感，還專門寫了一篇文章來闡述自己為什麼不喜歡貓。

這就要追溯到童年了。魯迅十歲左右時住在紹興的老屋，這裡有不少小動物，如大老鼠、鼷鼠、蛇和貓。鼷鼠就是小老鼠，平時會在家裡跑來跑去，也會

---

* 出自豐子愷《白象》。

咬壞櫃子和箱子，但是魯迅對牠們很寬容，認為這是鼷鼠的生活習慣。他還喜歡跟鼷鼠玩，讓鼷鼠跳到他的腳背上，甚至讓其爬上飯桌吃些碗邊的剩飯剩菜。如果鼷鼠願意，牠們甚至可以舔舔魯迅的碗沿，魯迅從來不嫌這種齧齒類動物骯髒，反而覺得這是一種溫馨的畫面。鼷鼠幼小又可愛，但卻是脆弱的，蛇和貓都是鼷鼠的天敵，尤其需要提防。有一天，魯迅發現家裡鼷鼠的蹤跡越來越少，他問保姆阿長：這兩天怎麼沒看見鼷鼠？阿長沒往心裡去，她也並不覺得這些小老鼠有什麼可愛的，只是看在少爺的面子上，沒有在明面上趕盡殺絕罷了，於是阿長就隨口說：「鼷鼠是昨天晚上被貓吃去了。」

魯迅越想越生氣，認定家裡的大花貓就是戕害鼷鼠的兇手。他追逐、打罵大花貓，把大花貓擠到牆角，大花貓只能用慘叫聲來自證清白。「我的報仇，就從家裡飼養著的一匹花貓起手，逐漸推廣，至於凡所遇見的諸貓。最先不過是追趕、襲擊；後來卻愈加巧妙了，能飛石擊中牠們的頭，或誘入空屋裡面，打得牠垂頭喪氣。這作戰繼續得頗長久，此後似乎貓都不來近我了。」（魯迅《狗・貓・

鼠》）

就在他的「打貓神功」練到出神入化的時候，半年之後，他驚聞了事情的真相，那就是隱鼠的死壓根與貓無關，而是有天牠們爬上了長媽媽的大腿，長媽媽覺得惱火，抬腳把隱鼠踩死了。

貓給魯迅留下了童年陰影，又很快證實貓是被冤枉的。因此魯迅在一九二六年《狗・貓・鼠》那篇文章的結尾，他提到自己已經與貓為善好多年：「然而在現在，這些早已是過去的事了，我已經改變態度，對貓頗為客氣，倘其萬不得已，則趕走而已，決不打傷牠們……這是我近幾年的進步。」如果將這篇文章當作對真實經歷的自我剖析，自然會招來非議。魯迅也坦然接受：「有青年攻擊或譏笑我，我是向來不去還手的，他們還脆弱，還是我比較禁得起踐踏。」

但是如果將這篇文章當作一篇反思的文學作品，則可以看出另一番意味*。

*期刊文章〈《黑貓》與《兔和貓》、《狗・貓・鼠》新解——從魯迅對愛倫・坡的接受談起〉，《魯迅研究月刊》，2018年，第8期。

魯迅寫過的眾多文章當中，涉及動物主題的少之又少，其中〈狗・貓・鼠〉就是為數不多的幾篇之一。但魯迅並非不關注這個主題。在近現代有影響力的眾多作家中，魯迅公開承認有一個美國作家對他影響至深，這個作家的名字叫作愛倫・坡，是一個美國小說家。而他最有名的短篇小說就是《黑貓》。「聽說西洋是不很喜歡黑貓的，不知道可確；但Edgar Allan Poe（愛倫・坡）的小說裡的黑貓，卻實在有點駭人。日本的貓善於成精，傳說中的『貓婆』，那食人的慘酷確是更可怕。中國古時候雖然曾有『貓鬼』，近來卻很少聽到貓的興妖作怪。」魯迅和周作人是最早將愛倫・坡的作品引入中國的人，而愛倫・坡的《黑貓》所講的主題就是一隻被人殘忍迫害的黑貓復仇的故事。

魯迅讀到的有關貓的文學著作不只這一篇，還有夏目漱石的《我是貓》。夏目漱石原名夏目金之助，筆名漱石，取自中國典籍中的「漱石枕流」之意。一九〇四年，在大學教英文的夏目漱石家裡來了一隻小黑貓，那時，夏目漱石還只是一位窮酸的大學教師。他深受神經衰弱的影響，病發的時候經常暴躁易怒。

生活不易，夏目漱石業餘的時候會給雜誌寫稿來賺點外快，但生活依然是捉襟見肘。這隻黑貓怎麼趕也趕不走，於是夏目漱石就留下了牠。三個月後，有個主編雜誌的朋友跟夏目漱石約稿，想讓他寫一篇連載。夏目漱石在紙上寫下了這樣一個開頭：「我是貓。還沒有名字。」文章刊出之後，夏目漱石從一個默默無聞、窮困潦倒的大學教師，一躍成為享譽日本文壇的知名作家。魯迅在日本留學時就對夏目漱石推崇備至，後來又翻譯了夏目漱石的《掛幅》和《克萊喀先生》。對於《我是貓》這部具有反諷意義的鴻篇巨制，魯迅的評價只有四個字：「當世無匹」。

或許我們可以認為，魯迅並不是在說自己怎麼討厭貓，而是在諷刺那些自以為善良、道德的人。正如夏目漱石在《我是貓》中所言：「人類不是情深義重的動物。他們在人際交流中流的淚、做出的同情姿態，只是生而為人必須交的稅而已。這種混淆視聽的表演其實是一種非常費心神的藝術……冷漠是人類的本性，不故意隱藏這種本性的人，才是真正坦誠的人。」

和哥哥魯迅不同，貓對周作人來說則是溫情脈脈的。下面要講的是一個未完成就夭折的初戀故事。

那時候周作人只有十四歲，他跟著家人一起寄住在杭州的花牌樓，隔壁鄰居家有個可愛的女孩，姓姚。她並沒有什麼特別的地方，只是一個普通街坊人家的女孩，住在充滿平凡煙火氣的街巷裡。從長相和性格來看，她也沒什麼值得稱道的，瘦小的身材，烏黑的眼睛，時而羞澀時而又很活潑。她只有十三歲，經常抱著一隻叫「三花」的大貓來看他寫字。周作人每天坐在那裡臨摹字帖，姑娘就時常來看他練字，每次都是抱著貓的：「每逢她抱著貓來看我寫字，我便不自覺地振作起來，用了平常所無的努力去映寫，感著一種無所希求的迷蒙的喜樂。並不問她是否愛我，或者也還不知道自己是愛著她，總之對於她的存在感到親近喜悅，並且願為她有所盡力，這是當時實在的心情，也是她所給我的賜物了。在她是怎樣不能知道，自己的情緒大約只是淡淡的一種戀慕，始終沒有想到男女關係的問題。」後來，姑娘得了霍亂死了，那印刻在周作人腦海中最深刻的初戀的

樣子，就是一個走路很輕、說話很輕的女孩，抱著貓在曦光中看他寫字的身影。（《周作人《初戀》）

晚年的魯迅和周作人不再來往，但是他和三弟周建人還保持著密切的聯繫。每週六晚上，魯迅和三弟一家都要雷打不動地安靜聚餐。周建人有三個女兒，知道魯迅不喜歡吵鬧，所以周建人每次只帶一個女兒去魯迅家。周建人的妻子王蘊如先帶孩子去，周建人則下班後直接從商務印書館往大哥家裡趕：「有時候建人來晚了，魯迅總要焦急地樓上樓下跑好幾趟，嘴裡說著『怎麼老三還勿來？』直到建人來了才放心。建人來了以後，兄弟倆就要上樓去談天，我們則在樓下幫許廣平做飯。晚飯，由許廣平燒幾樣廣東菜，燉隻雞，有螃蟹的時節總要吃螃蟹。兄弟倆總要吃一盅酒有說有笑。晚飯後上樓吃點心，吃水果。一邊喝茶，一邊談天。談談天下大事，風土人情，也談小時候紹興的事。談到有趣的地方就哈哈大笑。總要談到十一點多鐘，電車已經沒有了。魯迅就去叫汽車，預先付了車錢，把我們送回家。」（劉仰東《去趟民國》）

魯迅願意時刻年輕氣盛，他拒絕變成圓滑又狡猾的中年人，像貓；但是我們注意到了，他在中年之後變得柔軟，變得可以妥協了。魯迅願意委屈自己，成全別人，他能拿出自己的工資養弟弟周作人一大家子人，讓弟媳坐月子的時候用得上日本進口的母嬰用品，他拒絕以自我為中心和隨心所欲，像貓。歸根到底，魯迅是很珍惜家人的，也像貓。

魯迅四十九歲的時候，海嬰出生，魯迅的「硬漢」人設終於全面「崩塌」。兄弟失和多年之後，魯迅終於要養自己家的孩子了。他給海嬰起了個小名叫小紅象，還編了一首原創的催眠曲，文風和他平日裡的戰鬥檄文大相徑庭，歌詞是這樣的：

小紅，小象，小紅象。小象，紅紅，小象紅。

小象，小紅，小紅象。小紅，小象，小紅紅。

在現今網路時代偽造魯迅語錄的人很多，但是這首可愛又不乏幼稚的搖籃曲，魯迅可以自信地說：這，確實是我寫的。

耿直如魯迅，對自家的孩子只能寵著。魯迅還很無奈地回憶說，海嬰小時候經常會問：「爸爸可以吃嗎？」

魯迅說：「我的答覆是：『吃也可以吃，不過還是不吃吧。』」

名人家裡究竟有多少叫「花花」的貓

養貓總是要給貓起名字的，名人也不例外。

跟普通人相比，有些名人給貓起名時更花費心思。比如《醜陋的中國人》的作者柏楊家的貓，名字叫「孟子」，至於為什麼叫這個名字，除了他自己對孟子雄辯的口才印象深刻，還有一個重要的原因就是，要用一個拔尖的聖人的名字去命名這隻可愛的小貓，而用「孟子」命名一隻貓，也讓這隻貓成了「前無古人」的第一貓。再比如季羨林家的其中一隻貓，就叫「虎子」，虎子是一隻狸花貓，身上有老虎斑紋，再加上疾惡如仇、暴烈如虎的個性，所以就叫「虎子」。再比如豐子愷家的貓，因為長相莊嚴，就叫「白象」。

如果我們認真考證一下名人家的貓，發現不少人給自家貓咪起名也很隨意。其中使用頻率最高的名字便是「咪咪」，豐子愷、冰心、季羨林家裡都曾有一隻叫「咪咪」的貓，而季羨林家的咪咪去世之後，他又繼續養了一隻白貓，乾脆就叫咪咪二世。

名人家的貓，另一個使用得很高頻的名字就是「花兒」，又叫「小花」、「花兒」。

馮友蘭的女兒宗璞養的貓叫「小花」，作家王蒙養的貓叫「花兒」。王蒙的貓給人印象很深，因為牠是隻會打乒乓球的貓。王蒙回憶，二十世紀六、七〇年代，自己在新疆伊犁養了一隻狸花貓，為其取名叫「花兒」。這隻貓是看瓜老漢送給他的，是一隻黑斑白色的狸花貓，非常乖巧。這隻貓會打乒乓球，貓在中間，王蒙和妻子各站一端，他們把球拋給貓，貓就用爪子拍打給另外一方，聰明伶俐極了。

除了聰明，這隻貓還很懂事：「花兒特別潔身自好，決不偷嘴。我們買了羊肉、魚等隻愛吃的東西，牠竟然能做到非禮勿視，非禮勿行，遠遠知道我們買了東西，牠避嫌，走路都繞道。這樣謙謙君子式的貓我至今只遇到過這麼一回。」（王蒙《貓話》）

錢鍾書住在清華時也養貓，那隻貓叫「花花兒」。花花兒這個名字不是夫妻兩個人給起的，是照顧家人生活起居的老李媽給起的。這位老李媽很善良，也很愛貓，見楊絳抱回來的花花兒還非常弱小，就教牠吃飯，還教牠不要在家裡隨處大小便。楊絳後來回憶說，她一直不知道老李媽是怎麼教會小貓上廁所的，只是知道，這隻小貓從來沒有一次因為排泄的問題把家裡弄髒過。

在一張泛黃的老照片裡，我們能看到錢鍾書、楊絳和錢媛一家三口和貓的合照。在照片裡，楊絳抱著乖巧的花花兒坐在石階上，錢鍾書和女兒則含笑立在身後。

楊絳說，老李媽經常誇讚花花兒的靈性：「我們讓花花兒睡在客堂沙發上一個白布墊子上，那個墊子就算是牠的領域。一次我把墊子雙折著忘了打開，花

花兒就把自己的身體約束成一長條，趴在上面，一點也不越出墊子的範圍。」（楊絳《花花兒》）

花花兒喜歡吃的東西也特別，老玉米、水果糖、花生米……牠再長大一點，就到了該愛玩頑皮的年紀。貓的表現多種多樣，不同的貓並不太一樣。但有一點是相通的，那就是不會總是那麼懂事乖巧。花花兒也是一樣，用楊絳的話來說，從來不進臥室、不跳上床的牠開始「不服管教」，總是想要進臥室、進衣櫥、跳上床，但是錢鍾書格外寵愛牠，總是掀開被窩留個縫兒，讓花花兒進去。

花花兒第一次學上樹的時候，只會上去不敢下來，錢鍾書沒辦法，就設法把牠救了下來。救下來之後牠就會爬樹、會翻牆，還會打架，總之是變成了「社區一霸」。楊絳這樣記載：「我們都看見牠爭風打架的英雄氣概，花花兒成了我們那一區的霸王。」

彼時錢鍾書和楊絳夫婦住在清華園，而他們的隔壁就住著林徽因和梁思成夫婦。林徽因也愛貓、養貓，貓在家裡是最受寵的。但偏偏錢鍾書家的花花兒跟林徽因家的貓不對頭，錢鍾書孩子氣到什麼程度呢？只要一聽見花花兒跟別的貓廝打，他就揮著長竹竿出去幫著打架。楊絳在《記錢鍾書與〈圍城〉》這篇文章裡提到錢鍾書是怎麼替自家貓出頭的：「鍾書特備長竹竿一枝，倚在門口，不管多冷的天，聽見貓兒叫鬧，就急忙從熱被窩裡出來，拿了竹竿，趕出去幫自己的貓兒打架。」

楊絳也不是沒勸過架，她說：「打狗要看主人面，那麼，打貓要看主婦面了！」但她根本就攔不住，因為林徽因的寶貝貓是花花兒最大的情敵之一。

在錢鍾書眼中，妻子楊絳是一等一的才女，不然傲嬌如他，也不會說出楊絳是「最賢的妻，最才的女」這樣高的評價。從來不愛談論自己的錢鍾書還說，「我見到她之前，從未想到要結婚；我娶了她幾十年，從未後悔娶她。」錢鍾書把溫柔留給家人，把「毒舌」都給了外人。他從小看書就過目不忘，滿腹經綸，但是從小愛臧否人物，評議是非。父親錢基博非常擔憂這一點，怕日後給他惹來非議，所以就給他取了個字叫「默存」，意思是提醒他禍從口出。但錢鍾書放出的「狠話」依舊不少，他說清華外文系沒有人有資格當他的導師，說張愛玲有點才華但是大節有虧，說魯迅的短篇還可以，但魯迅也只適合寫短篇，說林語堂的幽默文學一點也不幽默。說公認的才女林徽因？他甚至不需要說什麼，看他怎麼「真刀真槍」地對待林徽因家的貓，態度就一目了然了。

錢鐘書關於林徽因最有名的一段臧否文字，出自《貓》這篇小說。雖然錢鐘書在將這個短篇收錄到小說集《人・獸・鬼》中時一再強調，文中的人物均屬虛構，千萬不要對號入座，但這段話怎麼看怎麼像是在說林徽因：「在一切有名的太太裡，她長相最好看，她為人最風流豪爽，她客廳的陳設最講究，她請客的次數最多，請客的菜和茶點最精緻豐富，她的交遊最廣。並且，她的丈夫最馴良，最不礙事。假使我們在這些才具之外，更申明她住在戰前的北平，你馬上獲得結論：她是全世界文明頂古的國家裡第一位高雅華貴的太太。」

錢鐘書的「毒舌」遠近聞名，林徽因的雅致有目共睹。一九四八年，林徽因二十歲的同鄉林洙到北京拜訪林徽因。彼時林徽因已經是教授，住在清華園中。林洙這樣形容初次到林家的震撼：「我來到清華的教師住宅區新林院八號梁家的門口，輕輕地扣了幾下門。……靠西牆有一個矮書櫃，上面擺著幾件大小不同的金石佛像，還有一個白色的小陶豬及馬頭，傢俱都是舊的，但窗簾和沙發面料卻很特別，是用織地毯的本色坯布做的，看起來很厚，質感很強。……在昆明、上海我都曾到過某些達官貴人的宅第，見過豪華精美的陳設。但是像這個客廳這樣樸素而高雅的布置，我卻從來沒有見過。」*

此時距林徽因去世還有七年時間，而林洙則在林徽因去世之後，成了梁思成第二任妻子。

建築師林徽因交遊廣闊，朋友也很多。在林徽因的密友當中，有不少也是愛貓的。其中就有徐志摩。徐志摩是偉大的詩人和翻譯家，他的詩歌和文章總是澎湃又熱烈。一九三〇年，徐志摩正和陸小曼處於熱戀當中，一度霸占了民

---

* 圖書《去趟民國：1912—1949年間的私人生活》，生活・讀書・新知三聯書店，2012年版。

國八卦新聞頭條。此時他熱烈地讚頌貓：「我的貓，她是美麗與壯健的化身……我敢說，我不遲疑地替她說，她是在全神地看，在欣賞，在驚奇這室內新來的奇妙——火的光在她的眼裡閃動，熱在她的身上流布，如同一個詩人在靜觀一個秋林的晚照。我的貓，這一晌至少，是一個詩人，一個純粹的詩人。」多數學者認為，這不僅僅是在讚美貓的美貌，更是在稱讚愛妻陸小曼的風姿。

不少文人經常陷入經濟拮据的境地，徐志摩卻不是如此。在二十世紀二、三〇年代，徐志摩是大學教授中少有的擁有私人汽車的人。同時，和他那些熱烈的詩詞形成反差的是，他沉默而自律。一九三一年，徐志摩和羅爾綱都寄住在胡適家。當時，一些北大教授或者文人經常會聚在一起打麻將。胡適覺得很驚奇：徐志摩從來不參與，從來不打麻將。他喜歡去北海公園散步，有時候羅爾綱會陪他同去。一次他們在北海公園碰上了一個乞討者，是個窮苦的女人，徐志摩可憐她，把身上所有的錢都給了她。後來羅爾綱說，他從徐志摩身上感受到了杜甫《茅屋為秋風所破歌》中那種悲天憫人的詩人情懷。

徐志摩在自己的眾多朋友中，還是最早嘗試乘坐飛機出行的人。他曾經問過梁實秋，有沒有坐過飛機，梁實秋回答說並沒有，覺得太貴，也沒有必要。徐志摩就推薦說：「你一定要試試看，哎呀，太有趣。御風而行，平穩之至。在飛機裡可以寫稿子。」當時徐志摩有位好友在航空公司，見徐志摩經常要到處講學，所以就好心送給他一張長期機票，而且是免費的。一九三一年十一月十九日，徐志摩搭乘中國航空公司「濟南號」郵政飛機由南京飛往北京，他要參加當天晚上林徽因舉辦的中國建築藝術演講會。然而沒料到天氣惡劣，飛機觸山，徐志摩罹難。

中國古人認為，貓能自由穿行陰陽兩界，渡人往生。不知道詩人志摩靈魂擺渡的路上能否看見自己的愛貓，如果真是如此，那死亡也只是一種分開旅行吧。

在重慶混，終究是要養貓的

千百年來，養貓就是為了滅鼠，這已經成為大家的共識。而鼠患的流行，鼠疫的恐怖，更是讓養貓成了一件緊迫的事情。

養貓千日，用貓一時。

二十世紀二〇至四〇年代，鼠疫在四川、福建、廣東等地肆虐，不僅持續時間長，而且對人民的生命財產造成了嚴重的危害。老鼠繁殖能力強，理論上，一對老鼠在一年之內就能夠繁育出一萬五千隻後代，而老鼠喜歡藏糧食，且極易傳播疾病，已經成為當時的一大公敵。

自古以來，捕鼠的方式很多，比如說用器械捕鼠，用藥物毒殺，或者用老鼠的天敵比如蛇、老鷹、狗、貓等來滅鼠。綜合比較起來，還是用貓來捕鼠CP值最高。原因就在於，老鼠天性多疑，動作敏捷，捕鼠器不僅往往捉不到老鼠，反而有可能誤傷人類或者家禽；而毒殺老鼠確實見效迅速，可是投放毒藥成本較高，還有被頑童等誤食的風險。相比起來，用貓捕鼠最環保，最省心，很多地方都大力提倡養貓，二十世紀三、四〇年代可能是中國歷史上貓咪最多的時期。貓咪如此金貴，以至於當時各地的動物保護協會和政府都命令禁止傷害貓、食用貓，比如一九三六年，中國保護動物會就致福建福鼎縣政府一封專函，譴責當地吃貓的風俗，建議從嚴查禁。一九四三年，《福建日報》刊登鼓勵全民養貓的新政策，要求儘量做到每家都養一隻貓：「省當局即將通令全省，鼓勵民間普遍畜貓捕鼠，期於兩年內達到一家一貓，根絕疫患。」

跟老北京、老天津人熱衷於親朋好友之間贈貓，以買貓賣貓為不吉利不同，重慶的貓則是身價暴漲，一貓難求。而一九四二年的《新天津畫報》則報導，在四川重慶等地，鼠患猖獗，一隻普通的貓就要賣兩百元人民幣。*

說到重慶養貓費錢，老舍非常有發言權。他在重慶住的地方老鼠奇多。文人的住處，書多，稿紙多，老鼠就是可惡的禍患。為了護書，老舍買了一隻看起來品相不是很好的「小醜貓」，身體弱弱的，但依然花了他兩百多塊錢。

詩人席慕蓉和她的先生劉海北，兩個人結緣就是因為一隻貓。他們都是留

---

* 期刊文章〈民國養貓二三事〉，《文史天地》，2020年，第8期。

學生，當時比利時中國學生中心所在的公寓鼠輩猖獗，無論用什麼方法去毒殺老鼠，都不見成效。劉海北想起小時候他住在重慶市郊，自從有記憶開始，街坊鄰居家家戶戶都養貓防鼠，所以就建議公寓裡也養一隻貓。因為從小養貓，很有經驗，所以他主動承擔起挑選一隻好貓，並且照顧牠的重任。他給貓喂罐頭，還搭了一個舒適的貓窩。劉海北花費了極大的耐心和溫柔跟一隻小貓相處：「須知貓乃天生君子，在未充分瞭解你之前，絕不輕易和你建立友誼。所以在你選定好要引誘的貓之後，必須非常有耐性，對牠用溫柔的語氣說話，不去觸碰牠，表示你請牠吃飯完全是出自至誠，絕沒有絲毫要占有牠的意思。待牠吃了幾頓，體會出你的誠意以後，才能容許你輕撫牠。然後你再把飯碗逐漸而緩慢地移向室內，貓才會在有一天終於成為你家的貓。這個時候，你好像完成了一項偉大的使命，會非常珍惜你和貓之間的友誼。」*

* 出自劉海北《貓路歷程》。

有個女留學生，看小貓可愛，伸手想要去抱。雖然覺得這樣做可能會傷害她的心，劉海北還是略帶抱歉地攔住了她：「小姐請等一等，不要嚇到這隻母貓。母貓很餓，我在喂牠吃飯，你過來抱牠，牠會跑掉，小貓也會吃不到飯。」

若干年後，已經成為知名詩人的席慕蓉回憶當年她和劉海北第一次見面的場景——她要抱貓，可是這個來自中國的同學說，請等等，這樣對貓不好。

劉海北小時候，家裡養了兩隻公貓，一隻是黃貓，一隻是黑貓，已然是令人豔羨的大戶人家了：「那時候家中兄姊都已入學，我又賴皮不肯上幼稚園，所以這兩隻貓給我的童年帶來不少快樂，從此認貓為最好的朋友。」* 劉海北是一九三九年生人，算起來他家裡養貓的時候，正好是老舍、梁實秋等人寄居在重慶，苦苦求貓而不得之時。而或許正是因為有自己家的「小醜貓」做後勤保護工作，護書有功，老舍才能夠在重慶創作出流芳千古的長篇小說——《四世同堂》。

---

* 出自劉海北《貓路歷程》。

郭沫若是四川人，一九三八年，他和老舍在同一年來到重慶。郭沫若曾寫了一篇文章，痛斥自己居住了七、八年的重慶，他寫道，重慶最可恨的有四點，一是山路崎嶇；二是天天下霧；三是熱得要命；四是老鼠太多。但實際上這篇文章的名字叫「重慶值得留戀」。他在文章中繼續寫，山路崎嶇怎麼樣呢？「逼得你不能不走路，逼得你不能不流點小汗，這於你的身體鍛煉上，怕至少有了些超乎自覺的效能吧？」天天下霧又如何呢？「戰時盡了消極防空的責任且不用說，你請在霧中看看四面的江山勝景吧。那實在是有形容不出的美妙。」熱得要命也不怕，「真的嗎？真有那樣厲害嗎？為什麼不曾聽說有人熱死？不過細想起來，這重慶的大陸性的炎熱，實在是熱得乾脆，一點都不講價錢，說熱就是熱。」由此可見，他很擅長運用欲揚先抑的手法。

對待貓他也是如此。因此這個貓奴就隱藏得很深。

郭沫若住在重慶的時候也養了一隻貓，叫「小麻貓」。他先是說自己是很討厭貓的，原因是有童年陰影：「在很小的時候，有一天清早醒來，一伸手便抓著枕邊的一小堆貓糞。」* 因為當時重慶老鼠又多又大，所以他就買了一隻貓。這隻小麻貓是很擅長捉老鼠的，在牠到家後沒多長時間，老鼠基本上就肅清，郭沫若便覺得，這小貓看起來其實也還挺順眼的。不久之後，小麻貓走丟了，他就又買了一隻小白貓，再過了不久，小麻貓又回來了。失而復得讓郭沫若大喜過望，兩隻貓也相處得日漸融洽，他由對貓厭惡、無感，逐漸轉變為牽掛了，總是擔心小麻貓會不會又走丟，會不會又被人捉走，畢竟重慶貓貴，偷貓賊不少，報紙上也經常看到偷貓賊被抓住的社會新聞。後來小麻貓又失而復得了一次，牠再次回來時，彷彿是受到過很重的虐待，前腿都磨破了，一看就是被麻繩之類的東西捆過。心疼、牽掛加上戰鬥友誼，讓郭沫若徹底「臣服」於貓的勇武和魅力，五十歲的他，正式成了一個貓奴。

梁實秋住在重慶雅舍的時候，家裡也養貓。貓在山城重慶有多金貴、多寶

* 原文出自郭沫若《小麻貓》。

貝，他是目擊者和見證人之一。但他堅決表示，自己並不喜歡貓，只是因為重慶老鼠多，才被迫養貓。家裡的小孩子喜歡貓，女僕也像寵孩子一樣寵貓。有一次，貓在和家裡孩子玩的時候，被嚇得有了應激反應，女僕趕忙跑過去教訓那些熊孩子：「你們怎麼這麼淘氣，把貓跌壞了可怎麼好！」孩子喜歡貓，家裡的女人更喜歡貓，從妻子到女僕，都是貓奴。梁實秋非常不以為然，但也無可奈何。

一九二七年，梁實秋和程季淑在歐美同學會舉行婚禮，期間因為婚戒有些鬆，梁實秋把戒指弄丟了。程季淑知道了之後就安慰梁實秋，說：「沒關係，我們不需要這個。」梁實秋敬重程季淑，兩人感情很好。妻子和孩子要養貓寵貓，他再不喜歡，也只是在文章裡面吐槽幾句。

彼時的梁實秋，認為貓是奸詐的、猥瑣的，還喜歡偷吃，簡直面目可憎。他也很認同魯迅對貓的態度，梁實秋也不喜歡發情的貓在房頂上喵喵叫，因此覺得老友魯迅「仇貓」還是挺情有可原的：「我沒有魯迅先生這樣大的勇氣，假若我是在睡覺，我就把被捂在耳朵上忍著，因為睡得昏昏沉沉地披衣起來，拿『長竹竿』就貓交戰似乎不是怎樣有趣的事情。」*為了證明自己不愛貓不是一件稀罕事，梁實秋還拉來老舍做「墊背」，說自己和魯迅可不是異類，你看看，「人民藝術家」老舍也不愛貓啊，只是他的口氣比較文明而已：「他採取口誅筆伐的方式著了一本《貓城記》。用貓來象徵貪狠刁壞是很適當的……」

和妻子程季淑相知相伴將近五十年之後，程季淑不幸遭遇不測。那時候兩個人在美國西雅圖逛超市，有個貨梯直直砸了下來，程季淑被砸中，後醫治無效，在西雅圖的槐園逝世。梁實秋畢生所努力的一件事，就是翻譯莎士比亞全集，而熟識他的朋友、學生都說，若沒有程季淑的支持、理解和幫助，梁實秋難以獨自完成這偉大的事業。因此在妻子去世之後，梁實秋寫下《槐園夢憶》，緬懷妻子。《槐園夢憶》的各個篇章在報紙上刊載之後，讀者都感念他們夫妻二人伉儷情深，即便是死亡都不能讓他們分隔。只是沒想到，《槐園夢憶》還沒有

---

* 原文出自梁實秋《貓》。

連載完，梁實秋就登報宣布，自己與韓菁清女士喜結連理，結婚時韓菁清只有四十四歲，比梁實秋的大女兒還要小四歲。

梁實秋寫那篇關於貓的諷刺文章的時候，是一九四七年，他在文章中非常鄙夷那些寵貓、愛貓、擼貓的女子：「彷彿女人們比較喜歡貓，無論老太太還是小姑娘，總愛把貓抱起來摸牠的毛，不厭其詳地誇獎牠的耳朵、尾巴，關心地詢問牠的飲食起居……我看了真老大不耐煩。」

一晃三十年過去了，在重慶沒當成貓奴，晚年的梁實秋還是逃不掉成為貓奴的宿命。

一九七八年三月三十日，梁實秋在日記本裡寫了這樣一句話：「菁清抱來一隻小貓，家中將從此多事矣。」梁先生預估得沒錯，這隻小貓被愛貓的韓菁清抱回來之後，他果真忙碌起來了。

他先是要給小貓準備吃的，還使出渾身解數，給貓起了個極高貴的名字，叫「白貓王子」。三十年前，梁實秋看貓只覺得牠們「貪狠刁壞」，「像是陰溝裡的老鼠」那麼「猥瑣」，而此時梁實秋是怎麼形容這隻小貓咪的呢，他說：「貓有吃相，從來不吃得杯盤狼藉。」

但是，這還只是個開始。三十年前，戰亂年代養貓，梁實秋怎麼看怎麼覺得貓吃相難看，又貪婪，尤其是牠吃肉的樣子，跟老鼠一樣可惡。三十年後，沒有什麼能阻擋這年近八十歲的老人寵貓的熱情。他知道貓吃魚，於是就給了牠一條魚吃，沒想到白貓王子從此學會了挑嘴。先是要給牠去魚刺，不然有可能會紮著食道，還有可能會胃出血，老人只好照辦；喂了魚之後白貓王子又覺得小魚不香，慢慢只吃大魚，老人就給牠做大魚；後來大魚也不想吃，冰箱裡隔夜的魚也不想吃，只吃現煮的、溫熱的，不然就不吃……再後來，白貓王子有一陣迷上了茶葉蛋，只要聽到街上有人吆喝「五香茶葉蛋」，就喵喵叫著要吃。要知道，那可是凌晨一點鐘，要知道，梁實秋住在北京的時候，可是半夜聽見一群野貓驚聲尖叫，寧願捂著耳朵也不肯披衣起來的人。但此一時彼一時，這年近八十歲的老人樂顛顛地披衣起床，趁著臺北凌晨一點鐘的星光，給白貓王子買一顆溫熱的茶葉蛋。

人生劫難重重，唯以吸貓拯救。這還能說什麼呢？只能說，出來混，終究是要養貓的。

文人和貓的故事總有遺憾

文人大多愛貓，但翻翻文章及傳記，他們和貓的故事總是悲欣交集，開始通常是快樂的，結局卻總是令人傷感。

二十世紀六、七〇年代，很多知識份子不僅自身難保，自己養的寵物也遭了殃。不少人只能為了「自保」，選擇和寵物一刀兩斷，來表明自己不會沉迷於養貓養狗、玩物喪志。

作家止庵曾回憶二十世紀六〇年代自己家的一件事情。

一九六六年，止庵只有七歲。街道主任去到他家，告訴他們說，搜查的人馬上就到。臨走前，街道主任瞟見了他們家養的貓，冷冷地說：「都什麼時候了，還養貓！」這是一隻鴛鴦眼的長毛波斯貓，很受家裡人的寵愛，尤其是止庵母親的寵愛。聽說檢查的人馬上要來，家裡人開始行動起來，砸唱片、檢查藏書，該燒的燒，該撕的撕。這些物件都可以處理，但貓怎麼辦？

全家人一合計，扔貓。止庵和哥哥把貓藏在書包裡，丟在了胡同口的廁所裡，為了怕貓跑回家，他們把門死死地帶上了。走了很遠，還能聽見貓在廁所裡淒厲的叫聲。

來人了，他們家收拾得乾乾淨淨，沒有人受到傷害。也沒有人敢開口問，貓怎麼處理掉了。半夜時分，那隻波斯貓找回來了，抓著門尖叫，像是小孩在哭。抓了很久，牠發現大門抓不開，便跑到臥室的窗戶前，拼命地抓撓玻璃。

止庵回憶說，他們一家人都躺在黑暗裡，每個人都聽到了，每個人都沒有出聲，也沒有起身。沒有人去給牠開門，所有人都鐵了心要和牠斷絕關係，哪怕是在過去的兩年多時間內，這隻貓給他們家帶來了不少溫存。後來這隻貓在門外抓撓了一夜，差不多到天亮的時候，整個世界安靜了，貓走了，並且再也沒有回去。

這是一個發生在五十多年前的故事，當年那個棄貓的小男孩已經成了知名學者。

人貓分別，有時代的背景，也有其他原因，不能太過於苛求。

但對於養貓人來說，日夜相伴的愛貓不幸夭折，總是讓人難過不已。在近現代名人和貓的故事當中，有的散養的愛貓走丟、被偷、被捕殺，甚至是被野獸咬死。還有的情況是，貓活動的領地範圍太大，沒有「家」的觀念，最終還是失散，帶給人無盡的懷念和痛苦。

貓與人類共同生活了上千年，在過去的很長時間內，貓很難養在一個絕對密閉的空間裡。貓要出去排泄，所以養貓人都會給貓留一個可以自由出入的通道，讓牠們可以上完廁所再回家。

貓咪需要被散養的原因很多，除了貓需要出門排泄，捕鼠也是一個重要的考量。在二十世紀四〇年代初，中國有一場聲勢浩大的「解放貓兒」運動，呼籲不要把貓圈養在家裡，而是要散養或者是半散養貓，因為要釋放盡可能多的貓咪出門捕鼠，為大家除害。

翻閱近現代名人和貓的回憶文章，絕大多數人都是散養或者半散養貓咪的。不過這樣就衍生出一個問題，散養的貓咪一旦走丟，能找到的都是靠運氣，而大多數都成了悲劇。貓有九條命只是傳說，事實上，貓的生命也與萬物萬靈一樣，珍貴又脆弱。

有些有先見之明的人會培養貓在家上廁所的習慣。比如清朝人在把貓帶回家之後，最先做的一件事情就是在院子中堆一個小土堆，這個土堆往往是沙土做成的。他們會在土堆上插一根筷子，培養貓定點上廁所。這或許可以說是比較早的貓砂了。不過讓貓在家排泄也會衍生出一個問題，那就是貓上完廁所之後習慣於刨土和掩埋，容易弄得塵土飛揚，同時沙土、木屑等還會黏在貓的爪墊上、毛髮上。貓跑進屋內、跳上書桌等，總會留下深深淺淺的痕跡，老舍就說貓經常會在他寫作的時候：「跳上桌來，在稿紙上踩印幾朵小梅花。」這幾朵小梅花，恐怕就是剛剛在沙土堆裡刨過土的證明。

觀復博物館的館長馬未都直言，在過去養貓是一件喜憂參半的事情。基本上老北京人都是散養貓的，養貓的家庭都會在門上掏一個「貓洞」，讓貓可以自由穿梭，可以出去上廁所；那些實在是想要把貓圈養在家裡的人家，就要自己去找貓砂。每到夜深人靜的時候，馬未都就到處去找沙子，發現沙堆的心情就跟挖到金礦差不多，趁四下無人，偷偷鏟上一麻袋背回家，放在院子裡暴曬晾乾讓貓主子用。這種沾了貓排泄物的沙土無比難聞，黏答答臭烘烘的，可是沙土不易得，所以要格外珍惜，貓用完之後，「鏟屎官」還要負責把沾有貓咪排泄物的沙土洗乾淨、曬乾，以供再次使用。還有人家會拿個盆，在盆裡鋪點報紙教貓上廁所，不過有些貓死活都學不會怎麼在報紙上上廁所，還是會排泄在床上、衣櫃裡等牠們覺得鬆軟且有主人氣味的地方，為此，經常發生人貓大戰，苦不堪言。

因為鏟屎發生的種種人貓矛盾，隨著貓砂的發明迎刃而解了。這是人類的一小步，卻是吸貓史上的一大步。時間倒退回一九四七年，二十七歲的美國人愛德華・羅威發明了黏土貓砂。這種貓砂清潔乾淨，可以覆蓋異味，而且容易結團，很方便打掃。他的發明很快就贏得了養貓者的喜愛，從此之後，再也不用擔心貓爪子上沾上髒髒的煤灰，不用擔心貓把家里弄髒，貓甚至可以走進書房，占領臥室。而人類則可以將貓養在室內這樣一個完全封閉的空間，不必再飽受患得患失之苦。而且家養的貓得寄生蟲和患病的概率更小，讓貓的壽命更長，對人類來講，貓從一個夥伴，真正開始變成了朝夕相處的家人。

貓砂的進口需要時間，在香港和臺灣的養貓人應該是最早用上貓砂的幸運兒。梁實秋晚年定居臺灣，如前所說，他直到七、八十歲的高齡才開始養貓，但是他養貓可是認真又精細。在他家裡，給白貓王子這一隻貓，就準備了四個貓廁所，從樓上到樓下每一層都有，而且每天都打掃得乾乾淨淨；白貓王子除了有乾淨的貓砂用，還有自己的私人獸醫，梁實秋和韓菁清會定期帶牠做體檢。可以說，隨著科技的進步，貓生也變得日漸幸福起來。

於人於貓，貓砂的發明都是一件功德無量的事情。隨著貓砂的不斷改良，松木貓砂、水晶貓砂、膨潤土貓砂等被發明出來，成為人類文明養貓的標誌。貓從此可以安然地待在人類的居室中，成為以另一種形式存在的主人。而養貓人，則榮耀地獲得了一個前所未有的頭銜——「鏟屎官」。

品種繁多的寵物貓的出現，讓貓在人們心目中比以往任何時候都更嬌貴。牠們價錢昂貴，身段嬌弱，叫聲軟糯，很容易給人們一種牠們毫無獨立生活能力的錯覺。面對牠們忽閃忽閃的大眼睛，人類不忍心讓牠們踏出家門，去獨自面對危險的世界。於是貓堂而皇之地占領了客廳，占領了書房，占領了臥室，鑽進了人類的被窩。有人說，臥室中蜷縮在臂彎中的貓是最好的安眠藥，沒有貓的日子他們輾轉難眠。有些人還「卑微」地將貓是否願意和自己同床共枕，視作人貓關係的重要表現。若一隻貓願意走進臥室、「臨幸」主人，這證明驕傲的貓已經完全被人類所征服了——這是養貓者的里程碑。

占領了臥室的貓改變了人類的思維方式。人類曾經自私地以為家裡的一切都是自己的，但是貓卻絲毫沒有「這是主人的東西」這樣的概念，無處發洩精力的牠們把書架上的花瓶推到地上，咬斷看不順眼的數據線，舔舐完剛排泄過的

「菊花」後就伸舌頭去喝「鏟屎官」杯子裡的純淨水，牠們無法容忍家裡有任何一扇門是關上的。很多人發現，家裡多了一隻貓之後，不僅自己的潔癖被治好了，骨子裡的自私和小氣也消失殆盡。

不得不說，生活在現代的養貓人是何其幸運。這是一種千金不換的幸福啊。

近現代那些外國名人都怎麼吸貓

在八百多年前的泰國王宮，有一種神祕的貓。牠們被王室、貴族和寺院隱匿在深宅大院中，普通百姓根本無緣與牠們照面。

這就是暹羅貓。

在皇宮裡面，暹羅貓所需要抵禦的並不是老鼠，而是鬼魂。在篤信佛教的國家，泰國人相信人死後靈魂不滅，而這種眼睛碧藍、身材修長的貓被認為可以通靈。每當王室成員、宗教領袖或者貴族死去，相關官員和至親就會選擇一隻暹羅貓。傳統的做法是，選定一隻暹羅貓放在死者的屍體旁，同時，在墓室旁邊的牆壁上鑽一個洞，當貓順著洞從墓室中爬出，就被視為死者的靈魂已經轉移到了這隻暹羅貓身上。逝者的魂靈封印在暹羅貓體內後，隨著這隻貓的終老，牠們會把逝者的靈魂帶往天堂。

古代泰國人堅信，暹羅貓是靈魂的擺渡人。逝者的親人們會終身奉養這隻貓，他們堅信這樣會給未亡人帶來好運和福報。一九二六年，一隻純正的暹羅貓出席了暹羅國王的加冕禮，這也是暹羅貓在泰國地位的象徵。

暹羅貓出現於十四世紀，是泰國王公貴族和寺院的特供貓，一般認為是泰國的本土貓。所有暹羅貓都有著碧藍如洗的雙眸，在傳統觀念中，純正的暹羅貓雙眼內斜，尾巴扭曲。雙眼內斜是因為牠們在盡心盡力地守護寺廟，而尾巴扭曲則是某位公主為了避免被遺忘而做的標記。*

在很長一段時間內，暹羅貓不被允許離開泰國，更別說離開亞洲了。

---

* 圖書《貓：九十九條命》，湖南文藝出版社，2007年版。

一八七八年，美國總統拉瑟福德・伯查德・黑斯收到了駐曼谷美國領事館的禮物——一隻暹羅貓，這是堪比中國熊貓一般貴重的國禮，也是有史以來暹羅貓第一次離開亞洲。

打聽到總統夫人是位貓奴，這位美國官員在寄給第一夫人的信中誠懇又不失驕傲地寫道：「我冒昧地轉寄給您一隻暹羅貓。這是我在這個國家能買到的最好的貓。而且我知道，這是有史以來美國的第一隻暹羅貓。」

史料形容這隻暹羅貓是紅桃木色的，有靈動的四肢和深邃的藍色雙眸，總統女兒尤其喜歡這隻貓，給牠起名叫「暹羅」。海斯總統回信感謝了這位駐泰國大使，還開玩笑說，現在白宮裡有兩隻狗、一隻山羊、一隻知更鳥和一隻暹羅貓，這有點像《魯賓遜漂流記》裡的生活，有時候甚至會忘記自己的主業是當總統。

第一次踏上美國國土的暹羅貓是短命的，牠只活了一年多，就歸於極樂。

一八八四年，英國駐泰國曼谷領事歐文・古德爾爵士想把泰國的暹羅貓帶回國內。在英國當地流傳著一種說法，泰國的暹羅貓有一種無與倫比的美，牠們只在皇宮裡繁衍，其他地方的人難得一見。為了讓從沒見過暹羅貓的英國人飽飽眼福，歐文・古德爾爵士煞費苦心。他先是收買了王子的僕人，在僕人的幫助下將一對暹羅貓成功搞到手，然後將這兩隻貓運到不列顛半島，隨即讓牠們在水晶宮貓展上亮相，驚豔眾人。

聽說英國人從泰國弄到了兩隻暹羅貓，整個歐洲都蠢蠢欲動，他們想來參觀，最最想要的還是這兩隻暹羅貓的幼貓。費盡千辛萬苦才弄到的暹羅貓，英國人不想讓這些唯利是圖的人太容易得到。不過聰明的法國人還是有自己的辦法，在一年之後，法國人也從泰國偷偷運回一對暹羅貓，並把牠們交給植物園去繁衍。從此之後，暹羅貓開始在泰國以外的地方風靡。

雖然在現在的寵物市場上，暹羅貓並不是極稀罕之貓。但是在好幾十年前，暹羅貓是歐美名人的私寵，物以稀為貴，一般人難以獲得。

很多名人都是暹羅貓的貓奴，瑪麗蓮・夢露、波普風格大師安迪・沃霍爾、影星伊莉莎白・泰勒，都曾經養過暹羅貓。

如果說哪個人和暹羅貓一起合照也不會輸的話，那必須要提名英國女性費雯麗。同樣有一雙奪人心魄雙眸的她，就養了一隻暹羅貓。

這位善於隱藏感情的女明星多次對媒體表達自己多麼為暹羅貓所神魂顛倒，貓奴附體的表現就是拒絕談論自己的私生活，但是談起自己的貓咪會滔滔不絕：「說實話，一旦你養了暹羅貓，你就再看不上別的貓。牠是天賜寵物，聰明絕頂，會像小狗一樣跟著你。」一九三六年，攝影師拍攝了一張費雯麗懷抱暹羅貓的照片，這是她一生最喜歡的照片之一，也是她最經典的照片之一。

一九四〇年，費雯麗憑藉在《亂世佳人》中的精彩表演在奧斯卡封后，評委的評價是「有如此美貌何需如此演技，有如此演技何需如此美貌」。據說英國首相邱吉爾在一次宴會上遇到了費雯麗，他因為她的美貌而感到羞澀，不敢上前握手。有人勸說邱吉爾，說：「您貴為一國的首相，連這點特權都沒有嗎？」邱吉爾則說：「這樣的美貌是上帝的傑作，我看看就好。」後來邱吉爾送給費雯麗一幅自己畫的水彩畫，這是他生平第一次送畫給別人。

無奈紅顏薄命，一九六七年七月七日，因罹患精神病和肺結核，五十四歲的費雯麗含恨離世，最後在她身邊逡巡，試圖喚醒她的是她的第五隻貓，也是一隻暹羅貓。

暹羅貓的主人串起了星光熠熠的五〇年代。在二十世紀五〇年代，英國有傾國傾城的費雯麗，美國則有勾人魂魄的瑪麗蓮・夢露。有關夢露的傳說很多，她短暫的一生拍了三十多部電影，為好萊塢賺了兩億多美金。在她處於事業上升期的時候，她養了一隻叫 Serafina 的暹羅貓，從已有的照片來看，這隻暹羅貓很可愛，而且還有點鬥雞眼——鬥雞眼一度是純種暹羅貓最顯著的特徵之一，不過後來被人們看作缺陷，在繁育的時候逐步篩除了這一特徵。

一九六二年五月十九日，夢露為甘迺迪總統的生日獻唱了一首《生日快樂，總統先生》，並在謝幕的時候送上一記飛吻。這個飛吻讓不少報紙大做文章，畢竟在不久之前，確實有特工拍到了夢露和甘迺迪總統一起度假的八卦照片。沒過幾個月之後，瑪麗蓮・夢露在家中暴斃，享年三十六歲。她毫無徵兆的死迅震驚了世人，官方宣稱她死於自殺，可是夢露在不久前才剛剛購置了新住宅，她還告訴朋友說有和前夫重婚的計畫。

當人們沉浸在夢露暴斃帶來的震驚中時，有一些人卻從中發現了商機。其中的一個藝術家叫安迪・沃荷。

在夢露去世後的第二天，三十四歲的安迪・沃沃荷就打電話給夢露的經紀人，買了一幅夢露的海報。安迪・沃荷再清楚不過，沒有什麼比巨星的死亡更好行銷的了，況且又是夢露這位自帶話題熱度的頂級前明星——你可能不喜歡她，但是一定認識她、關注她。如果安迪・沃荷身處現在的網路時代，可能會被全世界的網友罵翻，拿死者行銷賺錢無異於吃人血饅頭。但是，安迪・沃荷用他獨一無二的才華，化解了藝術和死亡之間的衝突，他讓人們看到，光鮮如瑪麗蓮・夢露，依舊活在不為人知的酒癮和毒癮中，無法自拔。她的一生是璀璨的，也是可悲的。

從一九六二年到一九六八年，安迪・沃荷用銀色、金色、豔紅、湖藍等一系列的普普色彩，創作了多個版本的夢露絲網印刷品，其中包括夢露的頭像照和她的嘴唇特寫。而所有這些作品，為安迪・沃荷掙得了超過八千萬美元的收益，並奠定了他普普藝術大師的地位。

當他不處於風暴中心的時候，他選擇宅在自己的獨棟別墅裡，那裡有他和母親共同養的二十五隻貓，除了一隻叫「赫斯特」的藍貓，其餘的都叫「山姆」。因為山姆是暹羅貓，而牠和赫斯特生出來的孩子都長得像牠，所以沃荷就把家裡這些暹羅貓都叫山姆。因為家裡小奶貓太多，一時半會也送不出去，所以沃荷和媽媽一起，開始畫家裡的貓，並把這些畫做成繪本，沃荷的繪本叫作《二十五隻名叫山姆的貓和一隻藍色小貓》（25 Cats Name Sam and One Blue Pussy），媽媽畫的那本叫《聖貓》（Holy Cats）。現在這兩本繪本都是市面上的珍品，能賣出極高的價錢。

安迪・沃荷一生結識了不少名流好友，他和歌手約翰・藍儂關係很好，有趣的是，藍儂也養了一隻小暹羅貓，名字叫 Mimi，是他和第一任妻子辛西婭結婚時養的。Mimi 是藍儂小時候最寵他的姨媽的名字。

暹羅貓雖然出身高貴，但是氣質一點也不高冷。牠調皮可愛，外號「貓中哈士奇」。暹羅貓的起源雖然充滿了神性色彩，不過牠們的性格非常討喜。有學者用這樣一個傳說來形容暹羅貓惹人喜愛的個性：暹羅貓是一隻公猴向母獅獻殷勤的產物，所以牠兼具獅子的果敢和猴子的靈巧。

暹羅貓非常活潑，而且非常話癆，從來不怕生人，會在初次見面的陌生人面前撒潑打滾，以示友好。戒備心很重的貓種群，從不把最脆弱的肚子輕易示人，這是貓最低限度的自尊。不過顯然，暹羅貓不需要這樣做。牠們熱情、聰明又好奇，一刻也不能夠離開主人。比起和同類相處，暹羅貓更喜歡和人在一起。不能和人黏在一起，對於暹羅貓來說是比不吃不喝更殘忍的一件事情。牠們不能容忍分離，更不能容忍人類飼主有些許的個人空間，上廁所、去廚房甚至到陽臺呼吸下新鮮空氣，都必須在暹羅貓的密切注視下進行，如果人類試圖擁有自己的私人空間，比如關上門看一場沒有貓干擾的電影，這是暹羅貓最不能夠容忍的背叛。

因此，暹羅貓「貓中之狗」的外號名不虛傳。

傳統暹羅貓的長相很有特色，身上的毛是米色的，但是臉、耳朵、尾巴、腿部、四肢都是棕黑色的，俗稱海豹色，而且海豹色會隨著氣溫的降低逐漸加深，所以經常有人笑稱暹羅貓都是挖煤工。上文提到的費雯麗、夢露和安迪．沃荷養的暹羅貓，都是海豹色的。以最常見的海豹色為例，剛出生幾個月的時候，幼貓全身都是米白色的毛，只有鼻頭會帶一點點黑。當越長越大時，隨著氣溫的降低，「小礦工」就會逐漸變成「煤老闆」，四隻爪子、尾巴、耳朵和面部都會逐漸黑化，原因就在於，暹羅貓帶有一種神奇的基因調節器「暹羅等位基因」，會讓牠們根據氣溫變化改變毛色。當冬天過去春天到來，牠們又會變得稍白一些。

現代有些人不太接受暹羅貓越來越黑的特徵，因此更多的顏色被繁育出來，比如紅重點色暹羅、紅虎斑暹羅等。暹羅貓還是很多現代品種貓的母親，比如布偶貓、喜馬拉雅貓等，都是由暹羅貓跟其他品種貓交配而來的。

第五章　探究

為什麼我們甘心為奴

為什麼養貓人都甘心為奴

美國著名的硬漢作家厄尼斯特・海明威說：「有了第一隻貓，你就會養第二隻。」

確實是這樣。

一九三五年，一位船長送給海明威一隻擁有六個腳趾的小母貓作為禮物，海明威給牠起名叫「雪球」。據說有六個腳趾的貓能夠帶來好運，所以海明威就收養了這隻貓。作家養貓本身沒什麼稀奇的，貓性格安靜可人，正是作家最好的伴侶，但是一向以硬漢形象示人的海明威能夠對貓有繾綣柔情，實屬難得。說到海明威，我們腦海中總是會顯現出一個在狂風暴雨裡舉起雙管獵槍射殺大馬林魚的白鬍子老頭，但是和他的硬漢形象相比，他對貓的愛更讓人印象深刻。

海明威家裡最多的時候有三十多隻貓，《喪鐘為誰而鳴》、《永別了，武器》等傳世名作都是在眾多貓咪的簇擁中寫完的。海明威和妻子旅居巴黎的時候，還曾經讓一隻貓當孩子的保姆。有人勸海明威不要「鋌而走險」，因為在巴黎民間傳說中，貓的呼吸能夠吸走小孩子的靈魂，讓他們一命嗚呼。海明威並沒有理睬這種奇談怪論，反而稱讚貓是他見過最好的保姆，沒有之一。一九六一年，嗜貓如命的海明威用一把一點二公分口徑的雙管英式獵槍在家中飲彈自盡，自殺前最後一句話是：「別了，我的小貓。」

如今海明威故居還有很多隻六趾貓，據說都是雪球的後代。海明威的名言很多，最有名的一句就是：「一個人可以被打敗，但是不可以被毀滅。」

不過，被貓掌控還是可以的。

美國文學史上最具有影響力的作家之一威廉・福克納曾反覆引用一個古老的中國傳說，他這樣告誡世人：在很久很久之前，統治這個世界的物種並不是人，而是貓。貓不僅擁有至高無上的智慧，還組建了最早的文明政府，但是當牠們為自己的智慧沾沾自喜的時候，牠們發現，問題出現了。貓拼命去打造一個文明社會，卻要接受種種考驗，最後難逃滅亡的命運。管理的代價太過於慘痛，貓中的「最強大腦」決定商議出一個解決辦法。討論的結果就是牠們集體讓位給人類，放棄統治者所必須要背負的責任。貓咪們在稍微低一等級的物種中選出能夠代替牠們管理的物種，這個物種要足夠智慧，智慧到會去挑戰並解決一切困境；也要足夠無知，無知到以為自己無所不能——牠們選擇了人類。

最後，「人類貪婪地占有了這個位置，貓從此退居次要地位，享受著牠們的舒適，用不曾有任何遺忘的眼睛看著人類。」

在講述了如此多關於吸貓的奇聞逸事之後，我們需要理性地探討一下這個問題——貓為什麼能夠占領這麼多人的心？一個平平無奇的物種，怎麼就能從眾多生靈中脫穎而出，感化人類，甚至讓學識、智力都處於人類頂端的名人們，甘心為「奴」？

第一，貓有功用價值。最開始，貓是有用的。農業革命之後，部分人類開始厭倦逐水草而居的生活，他們儲存糧食、生很多孩子。人類秋收冬藏，辛苦耕種，糧食就是人類的生命，所以貓的出現就如同救世主一般，可以守護糧倉，由此抑制疾病蔓延。重要的是，牠們對於人類別無所求。貓並不覬覦人類的糧食，也不留戀人類的屋子，牠們衝進儲藏室，叼著老鼠就跑，既不鏖戰，也不戀戰。人類從未見過這樣的物種，牠們既不需要專人餵養，也不需要特別的水源。更重要的是，貓不是為了討好人類才捕鼠的，牠們天性如此。這讓牠們並不像是工具，而更像是盟友。

第二，貓情商極高，生存能力極強。野貓是頂級獵手，而那些厭倦殺戮的貓會自己「找飯票」。在野外的流浪貓保持了驚人的戰鬥力，牠們晝伏夜出，捕食能力極強，老鼠、麻雀、鴿子等，都可以成為牠們的食物。和衣食無憂的家貓相比，野貓火力全開。澳洲科學家曾經發出警告，表面上看起來人畜無害、弱小又可憐的流浪野貓已經成為自然界最具殺傷力的破壞王——沒有之一。澳洲若干種珍稀動物幾乎要被野貓捕殺到快要絕種的地步。

與此同時，那些不願意繼續過流浪生活的貓則知道怎麼給自己找家——據《二〇一八年中國寵物行業白皮書》統計，百分之三十二點六的貓是通過「撿」

的方式被帶回家的。厭倦流浪生活的貓，總是有辦法讓人類心甘情願帶牠們回家——蹭蹭他們的褲腳，或者就地打個滾。就這麼簡單，那又怎麼樣呢？可愛就夠了。

不僅人類吸貓，大猩猩也吸貓。一九八五年，一隻會手語的大猩猩 Koko 終於得到了牠夢寐以求的小貓，美國《國家地理雜誌》拍下了那張經典的大猩猩 Koko 環抱著小貓一臉寵溺的照片。

靈長類動物都難逃貓咪的可愛，其他動物也是如此。一八六九年，愛貓作家馬克・吐溫去參觀了法國馬賽動物園，他用無比驚奇的語氣忠實地記錄下貓是如何征服大象，並且在體格和戰鬥力絲毫不占優勢的情況下，是如何獲得永恆的安全港灣的：「巨大的大象有一個形影不離的小夥伴，是一隻貓！一隻普普通通的貓。但只有牠可以爬上這頭厚皮動物的肩膀，坐在牠的背上。貓高高在上，小爪子縮在胸前，在大象的背上曬太陽，睡長長的午覺。一開始，大象不樂意，用鼻子抓住牠，把牠甩到地上去。但貓很倔，馬上又爬上去了。牠的堅持終於打消了大象對牠的成見。現在，牠們再也不能分開。貓在好朋友的四條腿和鼻子中間戲耍，如果有一條狗靠近，牠就躲到大象的肚子下面。值得一提的是，大象才不會錯過教訓幾條靠得太近、威脅到牠的小夥伴的狗的機會。」*在以力服人的自然界，小貓咪深諳「柔弱勝剛強」的道理。

第三，貓的繁殖能力驚人。任何一種動物想要征服世界，必須得有足夠的數量。蟑螂雖然數量眾多，可惜牠們並不可愛，也不治癒；大熊貓雖然可愛，但是數量太少，難以普及。

在繁衍後代這件事情上，公貓和母貓都兢兢業業，表現不俗。在中國明代皇宮中，貓咪互相追逐的場景有強烈的性暗示意味，是皇家子弟最好的啟蒙教材，牠們不僅生動活潑，而且天真無邪。確實，和其他貓科動物相比，貓不及老虎、獅子兇猛，但是老虎、獅子都已經快瀕危了，貓的數量卻在以驚人的速度增

* 圖書《貓的私人詞典》，華東師範大學出版社，2016 年版。

長，無論是家貓還是野貓。再加上現在絕大多數的貓都在城市中生活，天敵很少，因此數量增長很快。根據國際愛護動物基金會的測算，理論上，兩隻沒有絕育的貓及其子孫後代在七年內可以產子四十二萬隻。而那些成功存活下來的貓，一部分進入人類的臥室，成為人類終身的「精神毒品」；另一部分則繼續流浪街頭，接受著命運的選擇。

第四，貓忍辱負重，搭上了人類文明的順風車。要說見識過人類的陰暗面，貓應該最有發言權。在數千年的共生共處當中，貓或許比任何物種都清楚人類喜怒無常的本性。歷史上，人類以愛之名殺了無數的貓，以宗教之名戕害了無數的貓。貓什麼都記得，但是貓還是願意放下芥蒂，走進人的內心。忍辱負重的貓等到了人類文明的曙光，這個文明不是指文化或者文字的產生，而是指人類終於不再高高在上、睥睨眾生，人類意識到，和我們相依而居的動物，同樣有被尊重和善待的權利。

第五，貓靠顏值和性格取勝。

這個世界上的動物很多，為什麼貓占據了我們的臥室？科學家認為，這和貓的長相有密切關係。貓那水靈靈的眼睛、短短的下巴，就像是人類嬰兒，而貓在進化過程中獨特的「喵喵」叫聲，和嬰兒呼喚母親的頻率接近，這很容易讓人類產生憐惜的感覺，想把牠們抱在懷裡，想拿鼻子蹭蹭牠們的小腦袋。

貓的可愛讓很多人無法抗拒，愛爾蘭詩人葉芝就是一個最好的例證。一天，這位大忙人正打算離開首都柏林的艾比劇院，意外地發現劇院的貓趴在他的外套上睡著了。貓沉睡的側臉實在太過可愛，作家不忍心將牠驚醒，於是他小心翼翼地把外套那塊布料剪下來，好讓貓繼續休息。*

最後，貓搭上了消費升級的順風車，並且和城市裡越來越龐大的「空巢」青年一拍即合。回顧歷史，從來沒有一種動物像貓一樣牽動著人類敏感的神經；站在如今的時代節點，從來沒有一種動物像貓一樣給普通人以如此多的撫慰。

---

* 圖書《貓：九十九條命》，湖南文藝出版社，2007年版。

現今單身潮來襲，越來越多的年輕人對社交失望、對婚姻恐懼、對職場無感，他們決定找個伴。和養狗相比，貓的運動量小，不需要遛，也相對獨立，這讓養貓的年輕人覺得如釋重負。確實，一開始他們只是想要個陪伴，貓需要的東西很少，一個貓窩，一碗清水，再抓上一小把貓糧而已。但是久而久之，當和貓建立了關係之後，就有一種想要為牠們付出一切的衝動。開始給牠們買最貴的進口無穀貓糧，挑選顏值最高的貓窩，在租來的客廳中間搭上兩米高的貓爬架……空巢青年可能不捨得給自己買一杯奶茶，卻要從牙縫裡擠出錢來讓自家的貓吃上最可口的貓罐頭，哪怕是為貓花錢花到口袋空空，也在所不惜。與其說是一個孤獨的人類接納了一隻貓，不如說是貓施展自己的魔法，撫慰了那些年輕又孤獨的靈魂。

如今，世界上絕大多數的貓都滿足於自己的現狀，在人類的客廳或者臥室裡打呼。而絕大多數貓奴都不會否認，當一隻貓咪過來蹭你褲腳的時候，那就是一天當中最幸福的時刻。

貓和人類：當我選擇了你，就是選擇了脆弱

「如果你的寵物貓會說話，給你問一個問題的機會，但是時間很短，你會問一個什麼問題？」

在一個閒聊論壇上，有網友這樣真誠發問。

被點贊最多的那個回答是：「我的貓到底愛不愛我？」

貓究竟愛不愛吃「鏟屎官」精心挑選的貓糧？喜不喜歡價格昂貴的自動飲水機？貓咪們確實沒有狗活潑好動，不過每天都待在家裡，牠們會不會悶？……無數的問題，都是縈繞在「鏟屎官」心頭的未解之謎。

人類總是自稱可以讀懂萬事萬物，但是至今仍然沒有一個人敢拍著胸脯說自己真正看透了貓，讀懂了貓，走進了貓的內心。貓我行我素的行為方式，超出理解範圍的面癱臉，讓我們著迷，更讓我們束手無策。

至於貓在乎主人嗎？在和貓朝夕相處的幾千年時間中，這個問題堪稱世界

十大未解之謎之一，讓人類百思而不得其解。

日本的學術研究團隊做了一個實驗。他們希望知道貓咪對於主人呼喚牠們的名字，究竟有沒有反應。實驗也很簡單，如果一隻貓咪叫「小籃子」，那研究人員就將「小肘子、小狗子、小口子、小餅子、小籃子」這樣的片語播放給牠們聽。

研究人員驚喜地發現，當聽到自己的名字「小籃子」的時候，貓咪會有一種明顯的反應，比如稍微動動尾巴，或者動動耳朵。

結果表明，貓確實能知道「鏟屎官」在呼喚牠們。只是大多數的時候，牠們並不想理睬而已——被偏愛的都有恃無恐。

這個微不足道的發現讓研究人員驚喜，研究人員齋藤敦子很快就把自己的研究成果發表在權威雜誌上。能夠聽懂自己的名字，對於人類嬰兒來說是基本的技能，但是體現在貓咪身上，則讓成千上萬鏟屎的人們「普天同慶」，不少老父親老母親流下了欣慰的淚水。

緊接著，第二個問題來了，貓會依賴人類嗎？

二〇一九年，俄勒岡州立大學的研究者發表在《當代生物學》上的一篇文章表明，貓咪實際上對朝夕相處的「鏟屎官」相當依戀，類似於孩子對母親的依戀。

他們怎麼證明的呢？

研究者在實驗室裡放了一個奇怪的風扇，上面纏繞著彩色的帶子。大多數貓咪看到這個發出「颼颼」噪音的怪東西會表現出害怕，本能告訴牠們應該隱藏起來，而牠們會率先躲到哪裡去呢？絕大多數貓選擇躲到自家「鏟屎官」身後。當在背後默默觀察一陣之後，大部分貓會鎮定下來，好奇地靠近風扇，就像小孩子經過成年人類的安撫，就會變得勇敢一樣，這是貓在和主人相處過程中形成的獨特信任感。

這種信任感是非常寶貴的，證明貓在千百年來的進化過程中，有意識地讓自己去理解並信任人類，對於擁有懷疑基因的貓科動物來說，這並不是一件容易的事情；而人類也在和貓相處的過程中，嘗試去理解另一個物種的喜怒哀樂。

這種通過雙向馴化而達成理解的過程，不僅驚人，而且偉大。

人類常常稱呼馬兒為自己的朋友，不過回想冷兵器時代，數不勝數的戰馬因為人類之間的戰爭被開膛破肚，真是讓人不寒而慄；現代社會也沒有好到哪裡去，為了利用動物表演掙錢，人類會給有「微笑天使」之稱的海豚服用抗抑鬱的藥物，好讓牠們持續表演，給體形碩大的虎鯨吃苯二氮䓬類藥物，中止牠們被人類圈養之後的自殘行為；給在狹小雞籠中度過一生的雞服用百憂解，只是為了讓牠們不要過於恐懼死亡，讓牠們死後的口感更鮮嫩多汁些。如果你看過圈養的豬、臨死前還要被注水的活牛、剛剛出生幾個月就待宰的羊羔、非洲那些專門被繁育出來供富人射殺的獅虎，你就會明白，人類天性中的冷酷猶存，而人類用自己有限的溫柔和理解去與貓相處，這是一件多麼神奇又可貴的事情。

話又說回來，當貓決定同人類共處一室，並交付生命和真心之時，貓的命運註定不會完全掌握在自己的手中。當牠們犧牲了自由與高冷，選中那個屬於自己的主人時，牠相當於把自己一生的幸福和命運賭在了這個人身上，牠們的生存狀態，在很大程度上取決於人類的良知、理解和愛。

曾經，貓都是自由的靈魂，牠們獨來獨往不受控制。人們都以為貓生性涼薄，不像狗那樣在乎離別，實際上，貓也會害怕離別，只是面對離別的焦慮程度因貓而異。英國一項調查顯示，百分之二十六點五的一到三歲貓咪會出現分離焦慮行為，牠們不能夠理解人類上班、長時間的出遠門等，於是牠們會用持續叫、過度舔毛或者拆家等行為，表達自己的不安全感。

很多人會將這樣的不良行為視為貓天性中的粗魯，有些人甚至以此為藉口將貓送人或者丟棄，然而只有一小部分人們能夠意識到，這是貓在用激烈的方式表達牠們說不出口的愛意。

當貓選擇了人，牠就開始變得脆弱。

我們必須承認的是，人性中的博愛和險惡並存，這一點貓咪深有同感。我們總是以為，我們決定當一隻貓（或者好幾隻貓）的「鏟屎官」，就代表著我們會愛護牠、尊重牠、陪伴牠，直到牠生命的最後一刻。

或許貓也是這樣認為的，當牠們卸下防備，喵喵叫著走到人們身邊時，牠們也幻想過無數種美好的場景。

二十世紀五〇年代到七〇年代，心理學家哈利・哈洛進行了一場長達二十年的生物實驗。

哈利選取了一些小猴子，讓牠們一出生就跟自己的母親分開。剛開始和母親分離的小猴子，內心是無比痛苦的。於是哈利開始進行實驗的第二項，就是給這些失去母親的小猴子一位「代理母親」。

這個代理母親並不是另外一隻猴子，而是經過科學家設計的無生命、無知覺的物體——有的是冷冰冰的鐵絲，有的則是軟綿綿的布娃娃；有的觸手可及，有的卻被放置在有機玻璃箱中，讓小猴子能看到卻無法觸摸。

為了讓恐怖升級，哈利還設計了很多怪物母親，有的是用柔軟的布做成但隨時都會噴出高壓氣體的母親，有的是等小猴子依偎在自己懷裡之後，會突然猛烈搖擺的母親，還有的是會朝小猴子發射鐵釘試圖傷害牠的母親。

令哈利吃驚的是，即便是如此變態的代理母親，絕大多數小猴仍會一次又一次試圖接近牠們，並在明知道有可能會被攻擊的情況下，仍試圖依偎在代理母親懷中。

通過這個臭名昭著的實驗，哈利向世人揭示了愛與擁抱的重要性，愛不僅僅是一蔬一飯，更是溫柔和撫觸。實驗證明了不僅是人類，包括貓在內的哺乳動物都對愛如飢似渴。

如果能夠壽終正寢，貓跟人類相處的時間能夠長達十幾年，在這期間，貓咪們也預想不到這樣的事情：有人一邊說著貓咪是最心愛的寶貝，一邊以毆打貓咪為樂；有人一邊對妻子大發雷霆，一邊將毫不知情的貓咪推下樓梯，看著牠摔得屁滾尿流——這裡屁滾尿流並不是一種形象化的比喻，而是一種貓咪因為驚恐而產生的真實反應；有人在公開場合是正人君子，回到家卻對著貓咪口出惡言。

正常人在對弱小施暴的時候總是需要一些心理建設，現實生活中很多人甚至連殺雞都不敢看。但並不是所有的人都如此，總是有一小部分的人擅長顛覆貓咪給予人的百分百信任，並將其付之一炬。

論壇上有個提問：「老公把貓打瘸了，算家暴嗎？」實際上，根據澳洲的一項調查，絕大多數對寵物貓有暴力傾向的人都會對家庭成員有暴力傾向，因為失控在很多時候是不分對象的。

流浪貓更是如此，牠們的貓生更為艱難，遇上不測的概率比家貓要高上許多倍。而在不少國家，絕大多數無人領養的貓會面臨被安樂死的命運，因此，請用領養代替購買。

在中國，曾有機構做過一個調查，寵物貓中數量最多的就是中國本土的狸花貓，而其中很大一部分，就是領養來的，或者是在街上遊蕩的貓被帶回了家。貓不必捕鼠，牠們更多是作為寵物，靜靜地陪伴著「鏟屎官」。

無須多言，一切都在眼神裡。

「線上吸貓」爆紅之後

二〇一七年二月，一個新名詞在網路上開始蔓延，就是「吸貓」。最先使用「吸貓」這一表述的是一個名叫 ranranking 的網友，他在動漫論壇上發布了一篇名為《貓為什麼這麼容易上癮》的貼文，說自己「回家第一件事就是把貓抱起來，不光用臉，用手臂、脖子，渾身上下使勁蹭……像厚厚的毛衣很多人也會忍不住捂住鼻子吸嘛，我覺得人對毛茸茸的存在是沒有抵抗力的。」這樣生動形象的表述引起了很多人的共鳴，「吸貓」一詞隨後病毒般地發酵蔓延，成為當代人類迷戀貓、依賴貓的最佳表述。

為什麼貓這麼好吸？原因在於，貓擅長用嗅覺解讀資訊。當牠們蹭人類的時候，相當於在做標記：你是我的了。貓這種獨特的「認證方式」讓善於模仿的人類彷彿被貓下了蠱——親親貓的小腦袋，蹭蹭貓軟綿綿的肚子，咬咬貓耳朵，和貓鼻尖對鼻尖——不管貓高興不高興，人類都能從中收割神奇的治癒力量。

貓是不會輕易將自己的氣味交付出去的，對於貓科動物來說，留下自己的氣味意味著危險。所以牠們習慣埋屎、埋尿。如果一隻貓願意蹭蹭一個人的臉蛋或者褲腳，那就代表著牠給了人類自己最寶貴的禮物——牠的專屬氣味。

如今，網路上有數量龐大的吸貓大軍。比較初級的形式是熱愛在網路上看跟貓相關的影片，這些人往往被貓的可愛所傾倒，但又出於很多現實條件的限制而不能夠真正養一隻屬於自己的貓，所以就在網路上遠端追貓、養貓。遠端養貓的成本非常低廉，不需要真正擁有一隻貓，或者給貓買貓砂及貓罐頭。對於古人來說，看貓畫就是一種遠端養貓的方式。不過科技的發展給了現代人更便捷的吸貓途徑，只需要關注一些著名的萌寵影音創作者或者搜索貓的影片，海量的可愛貓咪就能夠在幾秒鐘之內出現在眼前。除了吸貓，使用跟貓有關的貼圖也是遠端吸貓的基本禮儀之一。

中度吸貓者的症狀表現為雖然自己沒有貓，但是會抓住一切機會吸貓。而機會不是天上掉下來的，往往需要自己創造。有經驗的吸貓者懂得，和貓初次見面時，最好的接近方式就是提供美食。對於中度吸貓者來說，隨身攜帶貓糧食是對貓基本的尊重。

至於怎麼樣創造和貓偶遇的場景？比如投喂社區的流浪貓，趁牠們吃罐頭的時候趁機和牠們對對鼻子，在腦門上吸一大口；比如經常光顧貓咖啡館，嘴上說著需要換個環境工作，實際上到了咖啡館之後就對貓咪左擁右抱，沉迷在吸貓的快樂中無法自拔，甚至還會自掏腰包購買貓咖啡館中提供的貓糧，在和貓處好關係的同時，抱著猛吸幾口。有些親人的貓會在此時卸下心防，用牠們高貴的身體蹭蹭吸貓者，這樣的肢體語言往往會讓人類大喜過望。

那些吸貓成癮、終身難以戒貓的人，就稱為重度吸貓者。這些人往往有一個共同點，就是自己養貓。他們不僅能夠隨時吸貓，而且不同的重度吸貓者還有不同的偏好，有的人喜歡吸貓腦袋，有的人喜歡揉貓爪子，還有人喜歡摩挲貓肚子——儘管他們不分場合的吸貓可能會讓自己傷痕累累，不過，這就是愛的代價吧。

不管人類有沒有意識到，貓，這種小型貓科動物，已經成了新的王者。只要人類對這些臥室裡的小型獅子繼續癡迷，整個貓科動物族群都將因此而受益。曾經，西方童話故事裡把獅子、老虎刻畫成血腥的殺人機器，中國傳統故事中武松跟老虎肉搏的故事，曾經是我們心目中最具英雄主義的畫面——勇敢、堅韌的人類，戰勝了毫無感情的殺人機器。如今，人們開始努力保護老虎、獅子、豹子等大中型貓科動物免於滅絕。普通人也懂得要不破壞生態，不打擾這些動物的生活，抵制動物皮毛的商品。畢竟，沒有買賣就沒有傷害。

同時，不少人也在網路上「吸大貓」，在廣大大貓愛好者的眼中，老虎會有個萌萌的諧音名字如「小腦斧」；獅子有著無可匹敵的專注，因此顯得格外帥氣迷人；雪豹身材纖細，被譽為「貓中超模」……總之，在吸貓者的眼中，小貓、中貓、大貓都是貓，時而孤傲，時而活潑。時而溫柔，時而野蠻，都令人心醉沉迷，都很好吸。

動物園中關著的老虎、獅子和豹子，年輕的家長不再會指著牠們對孩子說：

「看，牠們被關起來了，再也不會吃人了。」

而是會對孩子說：「看，那隻大貓，多可愛啊！」

從這個意義上來說，貓，是貓科動物中的英雄。

在無盡的歷史長河中，究竟是人馴化了貓，還是貓馴化了人？

這是個好問題。

從已知的歷史來看，這更像一種雙向馴化。貓改變了人的思維方式，人則從貓那看似嬌柔的外表和個性當中，獲得了前所未有的治癒力量。

後記　吸口貓再睡覺

這不是一本百科全書式的作品，但是卻花費了我將近三年的時間。

在鍵盤上敲下最後一個字，我才驚覺，我們和貓的綿長故事，不過才講了萬分之一。

那些嘴上說著不愛貓的人，大抵根本就沒有養過貓。而一旦養了貓之後，我們很容易分辨出，哪些貓是被愛著的，牠們黏人、任性、可愛，就算是身處絕望中的人，也能夠從貓身上找到生活的意義。

陪伴人類千萬年，貓從不索取。牠們只是想好了，願意陪在我們身邊而已。而我們能做的事情，或許就是用貓的方式，去表達對牠的感激和愛意。注視著牠，然後緩緩地閉上眼睛，再緩緩地睜開眼睛——那是貓表示接納獨有的方式，也是牠說「我愛你」的方式。

最後，讀一首有關貓的詩吧，來自詩人楊牧的《貓住在開滿荼蘼花的巷子裡》：

有點茶香在衣服和新剪的
頭髮上，在吹著小風的窗下盤旋
一隻麻雀從隔壁的屋頂拍翅滑落
我們未必記得他的面目和名字
喜悅為眉毛停留，不曾畫過的：
有時是覺得孤獨些，陽光總是
這樣曬著書籍和鉛筆
水瓶裡的雛菊飄搖著

總是這樣的，可是不寂寞

不會：因為有書和筆，雛菊
和一隻聽話的貓。有些話
昨天說過今天再重複一遍
可能去年秋天就已經說過了
在鐘樓下大樹前，要不然就是
前生未了緣？是一句中斷的
歌詞，低迴又揚起的管弦

想證明什麼呢？光陰很長
很溫柔，像貓貓的鬍子
比吉他的調子更悠遠
還帶著茶香（當你抱著
一首宋詩，專心地調弦

和音，尋找準確的位置），昨天
曾經試過，在緊張的弦上
急促地撥弄著漫長的今天
酒在小杯裡，耳環在燈下
牡丹，豆豆，石榴，葡萄，水仙

想證明宋詩可以和吉他配合
因為琵琶幽怨，簫太冷。證明
你遺忘的句子我全部記得——
顫抖的旋律在蘆葦間漂流
主題似磐石在急流中屹立
證明這指法是對的，而顫抖的
旋律如傾斜泛紅的肩

主題無非愛和戰爭。窗外
是疑似的薯葉，黃昏有雨
打過夢幻芭蕉；貓貓跑進
院子淋雨，麻雀驚飛上屋頂
這貓的面目和名字都好記
她住在開滿茶蘼花的巷子裡

參考文獻

凱文・艾希頓。《如何讓馬飛起來》。陳郁文譯。臺北：時報出版，2016。

尤瓦爾・赫拉利。《人類簡史——從動物到上帝》林俊宏譯。北京：中信出版集團，2014。

約翰・麥奎德。《品嘗的科學》。林東翰、張瓊懿、甘錫安譯。北京：北京聯合出版社，2017。

約翰・布萊德肖。《貓的祕密》。劉青譯。北京：中國友誼出版公司，2018。

費雷德里克・維杜。《貓的私人詞典》。黃荭、唐洋洋、宋守華等譯。上海：華東師範大學出版社，2016。

多利卡・盧卡奇。《創造歷史的一百隻貓》。治棋譯。北京：生活・讀書・新知三聯書店，2017。
尚普弗勒里。《貓：歷史、習俗、觀察、逸事》。鄧穎平譯。深圳：海天出版社，2019。
井出洋一郎。《名畫裡的貓》。金晶譯。北京：中信出版集團，2018。
劉仰東。《去趟民國》。北京：生活・讀書・新知三聯書店，2015。
劉仰東。《去趟民國：1912-1949年間的私人生活》。北京：生活・讀書・新知三聯書店，2012。
豐子愷。《緣緣堂隨筆》。南京：江蘇人民出版社，2016。
洛克斯頓。《貓：九十九條命》。李玉瑤譯。長沙：湖南文藝出版社，2007。
羅伯特・達恩頓。《屠貓狂歡：法國文化史鉤沉》。呂健忠譯。北京：商務印書館，2014。

安布羅斯・比爾斯。《魔鬼辭典》。李靜怡譯。新北：遠足文化，2016。
胡川安。《貓狗說的人類文明史》。臺北：悅知文化，2019。
佐野洋子。《活了100萬次的貓》。唐亞明譯。南寧：接力出版社，2004。
塞拉・希斯。《為何我的貓咪會這樣》。李潔譯。北京：文化藝術出版社，2009。
海倫・斯特拉德克。《埃及的神》。劉雪婷、譚琦譯。上海：上海科學技術文獻出版社，2014。
Lens。《目客004・貓：懶得理你》。北京：中信出版社，2016。
布封。《自然史》。王思茵譯。南京：江蘇鳳凰文藝出版社，2017。
新鳳霞。《美在天真：新鳳霞自述》。濟南：山東畫報出版社，2018。
黃永玉。《比我老的老頭》。北京：作家出版社，2008。
陳子善。《貓啊，貓》。濟南：山東畫報出版社，2004。

黃漢。《貓苑貓乘》。杭州：浙江人民美術出版社，2016。
段成式。《酉陽雜俎》。北京：中華書局，2017。
單領軍。〈達恩頓《屠貓記》的新文化史學研究視角〉。山東大學碩士學位論文，2008。
李星星。〈寵物與唐代社會生活〉。安徽大學碩士學位論文，2017。
管麗崢。〈《黑貓》與《兔和貓》、《狗・貓・鼠》新解——從魯迅對愛倫・坡的接受談起〉。魯迅研究月刊，2018，（8）。
劉景華、張道全。〈14—15世紀英國農民生活狀況的初步探討〉。長沙理工大學學報，2004，（9）。
徐善偉。〈15至18世紀初歐洲女性被迫害的現實及其理論根源〉。世界歷史，2007，（4）。
王子今。〈北京大葆台漢墓出土貓骨及相關問題〉。考古，2010，（2）。
吳松弟。〈從人口為主要動力看宋代經濟發展的限度兼論中西生產力的主要差距〉。人文雜誌，2010，（6）。
張哲，舒紅躍。〈笛卡爾的「動物是機器」理論探究〉。南華大學學報（社會科學版），2019，（10）。
王子今。〈東方朔「跛貓」、「捕鼠」說的意義〉。南都學壇（人文社會科學學報），2016，（1）。
劉興林。〈動物馴化與農業起源〉。古今農業，1993，（1）。
劉興林。〈中國史前農業發生原因試說〉。中國農史，1991，（3）。
潘立勇、陸慶祥。〈宮廷奢雅與瓦肆風韻——宋代從皇室到民間的審美文化與休閒風尚〉。徐州工程學院學報（社會科學版），2014，（1）。
王宏凱。〈古代的貓食〉。文史知識，2018，（9）。
浙江省博物館自然組。〈河姆渡遺址動植物遺存的鑒定研究〉。考古學報，1978，（1）。
趙坤影、武仙竹、李慧萍等。〈河南新鄉宋墓家貓骨骼研究〉。第四紀研究，

2020，（3）。
王運輔。〈鼯鼠類的動物考古學研究探索〉。南方文物，2016，（02）。
王金鳳、張亞平、于黎。〈食肉目貓科物種的系統發育學研究概述〉。遺傳，2012，（11）。
紀昌蘭。〈試論宋代社會的寵物現象〉。宋史研究論叢，2015，（1）。
盧向前〈武則天「畏貓說」與隋室「貓鬼之獄」〉。中國史研究，2006，（1）。
佟屏亞、趙國磐。〈家貓的馴化史〉。農業考古，1993。
王煒林。〈貓、鼠與人類的定居生活——從泉護村遺址出土的貓骨談起〉。考古與文物，2010，（1）。
胡耀武。〈馴化過程中貓與人共生關係的最早證據〉。化石，2014，（1）。
袁靖、董甯寧。〈中國家養動物起源的再思考〉。考古，2018，（9）。
王宏凱。〈民國養貓二三事〉。文史天地，2020，（8）。
趙丹坤〈狸奴小影——試論宋代墓葬壁畫中的貓〉。美術學報，2016。

張濤、馮志勇、李麗。〈鼠疫研究進展〉。中國人獸共患病學報，2011，27（7）。

盧世堂、張濤。〈貓在疾病傳播中的流行病學作用探討〉。疾病預防控制通報，2012，（27）。

張玉光、王煒林、胡松梅等。〈陝西華縣泉護村遺址發現的全新世猛禽類及其意義〉。地質通報，2009，（6）。

楊慧婷。〈馬王堆漢墓漆器所見狸貓紋初探〉。湖南省博物館館刊，2016，（12）。

的人類征服史

封神到屠殺，是惡靈也是萌寵！看貓咪與人類千萬年相牽的跌宕命運史

者　林　韻
行　人　林敬彬
編　楊安瑜
輯　林佳伶
面設計　蔡致傑
銷經理　林子揚
銷企劃　戴詠蕙
輯協力　陳于雯、高家宏

版　大旗出版社
行　大都會文化事業有限公司
11051 臺北市信義區基隆路一段 432 號 4 樓之 9
讀者服務專線：(02)27235216
讀者服務傳真：(02)27235220
電子郵件信箱：metro@ms21.hinet.net
網　　址：www.metrobook.com.tw

政劃撥　14050529 大都會文化事業有限公司
版日期　2024 年 03 月初版一刷
價　420 元
SBN　978-626-7284-47-6
號　B240301

Banner Publishing, a division of Metropolitan Culture Enterprise Co., Ltd.
4F-9, Double Hero Bldg., 432, Keelung Rd., Sec. 1,Taipei 11051, Taiwan
Tel:+886-2-2723-5216 Fax:+886-2-2723-5220
Web-site:www.metrobook.com.tw
E-mail:metro@ms21.hinet.net

作品名稱：《人類吸貓簡史》
作　者：正經孀兒（林韻）
本書繁體字版，經電子工業出版社有限責任公司授權，由廈門外圖凌零圖書策劃有限公司代理，同意由大都會文化事業有限公司出版、發行。非經書面同意，不得以任何形式任意改編、轉載。

本書如有缺頁、破損、裝訂錯誤，請寄回本公司更換。

國家圖書館出版品預行編目（CIP）資料

貓的人類征服史：從封神到屠殺，是惡靈也是萌寵！看貓咪與人類千萬年相牽的跌宕命運史 / 林韻　著-- 初版. -- 臺北市：大旗出版社出版：大都會文化事業有限公司發行, 2024.03 ；352面；14.8×21公分. (B240301)
ISBN　978-626-7284-47-6(平裝)

1. 貓 2. 世界史 3. 文化史

437.36　113001441